培养气质女生

李仕薇·编著

吉林文史出版社

图书在版编目（CIP）数据

培养气质女生 / 李仕薇编著. —长春：吉林文史
出版社，2017.5
ISBN 978-7-5472-4328-2

Ⅰ.①培… Ⅱ.①李… Ⅲ.①女性—修养—青少年读
物 Ⅳ.①B825.4-49

中国版本图书馆CIP数据核字（2017）第140213号

培养气质女生
Peiyang Qizhi Nüsheng

编　　著：李仕薇
责任编辑：李相梅
责任校对：赵丹瑜
出版发行：吉林文史出版社（长春市人民大街4646号）
印　　刷：永清县晔盛亚胶印有限公司印刷
开　　本：720mm×1000mm　1/16
印　　张：12
字　　数：129千字
标准书号：ISBN 978-7-5472-4328-2
版　　次：2017年10月第1版
印　　次：2017年10月第1次
定　　价：35.80元

目 录
CONTENTS

7   我的情绪我做主

13   嫉妒是完美气质的敌人

19   女孩当自强

23   临危不惧，从容自若

29   近朱者赤，近墨者黑

35   乐于助人，真诚无私

41   不要自视清高

47   不要卖弄小聪明

53   不要不修边幅

59   眼睛是心灵的窗户

65   腹有诗书气自华

73   微微一笑为倾城

79   多才多艺，富有艺术气质

85   多幽默，多魅力

93   自信的女孩有魅力

99　何谓魅力

105　魅力与性格

109　魅力与气质

113　无私才有好人缘

121　赠人玫瑰，手留余香

127　勿以善小而不为

133　不要打听别人的隐私

137　相互尊重是人际关系的良药

143　抬头走路的女孩

149　你有让人讨厌的小动作吗

155　食不言，寝不语

159　战痘小误区

167　减肥小策略

173　护发、护肤小秘诀

181　选择适合自己的发型

187　牛仔裤与白长裙展示清新魅力

我的情绪我做主

人人都说女生有一颗易碎的玻璃心和脆弱敏感的神经，因为她们是亚当由于有情感需求，用他的肋骨造就的。所以，女生天生是感性的，她们用丝丝缕缕如春雨般细腻的情愫浸润着这个世界的土壤，但她们同时是情绪上的百变女王，任何一个细节都可能影响她们的心情，这种情绪化还会相伴相随一生。良好的情绪不仅能够使女人心理更加健康，外貌也会更加容光焕发。所以女生要学会调整一个好的心态，都说女人如花，时常拥有良好的情绪才是开出幸福之花的关键。人有喜怒哀乐，是再正常不过的事，但是任何一种情绪都有一个度，一旦过度，对身心都有很大的伤害。太过欢喜则乐极生悲，伤心难过；怒不可遏则火大伤肝；过度思念，气息不顺伤脾脏；忧伤郁结伤肺，惊恐过度则伤肾。我们的外在情绪与腑脏器官息息相关，负面情绪过多，积郁成疾，便是华佗再世也找不出能救治的灵丹妙药。

潇湘妃子林黛玉，虽然才华横溢，姿色出众，但由于过于敏感，常常因为小事而不快伤感，导致积怨成疾，在风华正茂的年华就早早香消玉殒，令人扼腕叹息。有一位上了年纪的音乐家，为艺术倾其一生，苦心孤诣但成就不高，谱不出令他满意、动人心弦的曲子。年复一年，压力与日俱增，看着寥寥无几的曲谱他深感苦闷，整日郁郁寡欢，食不知味，夜不能眠。有一天他发现自己一拿起笔，手就会不住地颤抖，甚至胃疼，后来他来到医院做检查，一个三餐规律、饮食健康的人竟然得了胃病。由此可见，病由心生的情况不在少数，负面情绪会诱发人体疾病或者加重病情。

相反，积极向上的乐观能帮助我们赢得精彩的人生。国外某小学请来著名专家为学生们测试智商，并选出一百名最有潜力的人。这一百个学生果然不负众望，顺利考上了重点大学，并在各个领域都有所造诣。他们荣归故里时，那所小学的校长又请来了当年的专家们，席间这一百个学生纷纷向母校老师们以及专家表示感激，他们说如果没有当年的那次测试，在后来的学习、生活过程中他们也没有勇往直前的勇气。结果教授说，一个人的成功与否与智商没有太大关系，当年只是随意挑选的一百名学生，并没有专门做什么调查，完全只是一种心理暗示，却影响了他们的一生。当有了这种心理暗示之后，这一百个学生在遇到困难或者挫折的时候能够很好地调整自己的情绪，更加积极努力地去奋斗，从而获得成功。这种心灵的力量往往是不可预测的。

不懂得控制情绪，就会失去理智，不仅伤害自己的身体，还会伤害周围的家人朋友，更有甚者会因为一件小事变成国仇家恨，祸及几代人。景成是某大学的研究生，近日来到一座村庄做实地调查，刚到就遇到王家和李家两家人的一起暴力纠纷。起因却是十分的荒谬。村里人说李家的人对王家下了诅咒，自那以后王家直系的子孙不管男男女女，不到30岁就得了癌症而英年早逝。随着时间的流逝，双方矛盾越积越深，逐渐演变成了暴力相向。诅咒之说自然不可信。景成后来经过调查了解到两家人真正结下梁子的原因是一块地，双方都拿出充足的证据证明它归己方所有，僵持不下，最后升级到了武力争夺。在混乱中李家家主头部受伤，送往医院时便一命呜呼了，他临死前诅咒对方断子绝孙。两家人便从此划清界限，水火不相容了。诅咒一事就是这么来的，没想到竟然直接或间接造成后来的是是非非。诅咒一事非同小可，景成把这事跟自己的导师原原本本地说了一遍，两人经过一番讨论之后，基因遗传可以排除，于是决定先从饮食着手调查。几天努力下来，结果一切正常。看似一无所获，但是导师发现王家祖祠周围的植物出现大片白化的现象，这个发现意味着什么？于是两人拿着勘测设备对祖祠进行仔细搜索，果不其然，一块放射性石头就被埋在祖祠里。

真相大白后，李家家主——一位白发苍苍的老头承认这个是他偷偷埋进去的。他留洋回来听闻父亲身死的噩耗，想到父亲许下的"诅咒"，便有了利用辐射让王家人偿命的想法。其实如果当初双方有人愿意退一步，事情也不至于演变成现在的样子，冤

9

冤相报何时了？只是一块地而已，却让那么多人付出了代价，一点都不值得。

同样的事情，历史上却有截然不同的结果。在清朝，有一个远近闻名的家族，家中父子两代为相，显赫一时，权倾朝野。他们是张英、张廷玉父子。康熙年间，张英任职文华殿大学士、礼部尚书。安徽桐城的老宅与吴家为邻，府邸之间有块空地，后来吴家要修整房屋，想占用这片土地，张家不同意。双方争执不休，无果，就去县衙门找县官评理。但是双方都是当地的名门望族，家中都有人在朝中身居要职，他一个小小县官是任何一方都不敢得罪的。所以张家人就修了一封书信给张英，要求张英出面为他们讨回公道。张英阅后，认为邻里之间应该相互照应，自己家中并不缺这一块地方，何必为了不重要的东西伤了两家和气？让给别人又如何呢？于是就给家里回了四句话："千里来书只为墙，让他三尺又何妨？万里长城今犹在，不见当年秦始皇。"家人看后深感羞愧，便找来吴家商量着让出土地，这场闹剧可以了结了。吴家见后，反而不好意思了，也提出放弃土地，无人占用，久而久之就形成了一个6尺的巷子。两家相互谦让，张家不仗势欺人的做法被后人一直津津乐道，用以教育子孙后代。古今两个类似的故事却有相去甚远的结局，其实只要当事人能够控制自己的情绪，收敛自己的贪婪之心，宽容一点，就能够让事情往好的方向发展。

世界上最难办到的两件事就是把别人口袋里的钱拿出来和把我们的思想灌输到别人的脑袋里去。我们无法改变天气，但是能改变心情；我们控制不了其他人，但是可以掌握我们的心。无论被胜利冲昏了头脑，还是被愤怒夺去了理智，一旦做出违背初衷的事情，世上没有后悔药吃。我们要牢牢抓住自己的心，做情绪的主人，即使万一失控，也要用适当的方法加以缓解，一点一点使波动的情绪土崩瓦解，归于淡定。

传闻西藏有一个举止怪异的人叫爱地巴，每当他与人争执或者要生气发作时，就会绕着家里的房子院子跑上几圈，直到筋疲力尽坐在地上直喘气才罢休，因此闻名整个村庄。亲眼见识过的人都十分惊讶又好奇，与他熟识的邻居朋友毫不客气直言心中的疑惑，但是爱地巴怎么问都不愿意说明。后来爱地巴到了耄耋之年，依然遵守当年给自己定的规矩。有一天，他与邻居发生矛盾，又按照习惯拄着拐杖艰难地绕着房子走，等他好不容易走完了三圈，连太阳都下山了，他的孙子在身边恳求他："阿公，你年纪这么大了，身体一天不如一天，您不能再像从前一样，一生气就动不动绕着房子跑，身体哪能经得起折腾啊？您可不可以告诉我，为什么您一生气就要绕着房子跑上三圈？"爱地巴禁不起孙子恳求，终于说出了隐藏在心中多年的秘密。他爱怜地抚摸着孙子的头发说："年轻时我给自己定的这个规矩是为了消磨愤怒，我只要和人吵架、争论、想发脾气就绕着房地跑三圈，边跑边想，我的房子这么小，土地这么小，不去勤勤恳恳工作，哪能浪费时间在这儿跟人家斗气？即使赢了，最后又得到了什么？而且我也没有资格去朝着别人发脾气。一想到这里，注意力转移了，气自然而然就消了，于是就把所有的时间用来努力工作，所以咱们家的房子一年比一年大，土地也越来越多。"孙子想了想，又问道："阿公，你现在是最富有的人，为什么还要绕着房地跑？"爱地巴笑着说道："我又不是神仙，还是会生气，但是绕着房地跑三圈，看着我的房子这么大，土地这么多，我已经拥有了这么多东西，又何必跟人计较，让一让又何妨？一想到这，心里痛快了，气也消了。"这位奇人的事迹是值得所有人来借鉴的，我们应该学着做自己情绪的主人。

综上所述，学会控制和调节情绪对人生是有非常重大的意义的，对于女孩子来说，只要不失控，有点儿小脾气还显得直率可爱一些，但长期、不知控制的情绪乖戾，会把身边的人都气走，而且形态粗野鄙陋，完全颠覆了女孩子完美的形象。因此，愿每个女孩子都能对情绪收放自如，把握好心海的罗盘，驶向快乐幸福的未来。

嫉妒是完美气质的敌人

嫉妒是一种因发现他人胜过自己而产生的抵触心理，具体表现为羡慕又憎恨，不甘又失望，屈辱又虚荣，怨恨又自傲。嫉妒是一种毒药，在暗处蠢蠢欲动，伺机腐蚀我们健康的心灵，摧毁善良的人性。莎士比亚说："您要留心嫉妒啊，那是一个绿眼的妖魔！"可见，在百年以前，人们就已经对嫉妒有了很深刻的认识。

善妒的人眼里容不得他人优秀，轻者存心挑剔，重者会用刻薄恶毒的言语颠倒黑白、诬陷造谣，从中伤他人中找到心理上的平衡。其实，善妒的人是可悲的，他们的阴暗注定滋生在卑微的角落，无法在阳光下生存，享受不到常人的幸福，无法体会生活的乐趣。就如同白雪公主的后母，本身也是美丽高贵的皇后，却因为善妒最后沦为"老巫婆"的代名词，可见嫉妒对人心的危害是多么严重。

其实，嫉妒是一种正常的心理状态，每个人都会有嫉妒心理，只是程度不同而已。

面对嫉妒，有的人可以将其转化为正能量，成为自己奋发向上的动力；有的人则走向反方向，使自己的心沉沦，陷入嫉妒无法自拔。我们要想避免陷入嫉妒的深渊无法自拔，就要充分地认识嫉妒，直视它、认清它。那么，这种掺入了自卑、愤怒、嫉恨、虚荣心等情绪的复杂心理到底是怎么来的？

首先，同领域竞争容易导致嫉妒心理。有了共同的资源便有了竞争的存在，职位、排名、名誉、权力、财富都是人们趋之若鹜的对象。生活在同一领域的人，就会存在竞争、比较，因此产生嫉妒心理在所难免，并由此形成不良的竞争关系。《三国演义》中，周瑜才华横溢，风华绝代，但是因为心胸狭窄、妒忌贤能，千方百计想谋害诸葛亮，欲除之而后快，结果偷鸡不成蚀把米，一而再、再而三地中诸葛亮的计谋，最终被气死，绝命之时仰天长叹"既生瑜，何生亮"，令人既惋惜又同情。他不嫉妒孙权、刘备、曹操的文才武略，只针对诸葛亮，就是因为他们是同一个级别上的竞争对手，竞争、比较无时无刻不围绕着他们，产生嫉妒心理就在所难免了。

其次，当优越感受到威胁时，也容易引起嫉妒心理。比如，皇帝不会嫉妒一个乞丐，却会忌惮功高盖主的大臣、手握重权的将军、呼声最高的亲王，这是因为嫉妒他们的功勋、权力、民望超过了自己，担忧自己被他们从高高在上、享万人叩拜的位置推下来。这一点在小孩子身上表现得尤其明显，当别人的父母抱着他们自己的孩子时，他会很淡定，但是如果自己的父母抱起别人的孩子，他们就会不高兴，甚至又哭又闹，因为他们在父母面前有相对其他人的优越感，父母的怀抱只能属于他，被别人占据，他就会产生嫉妒心理。

最后，就是个人拥有强烈的自我意识。每个人都是一个独立的个体，都会在潜意识里认为自己是最好的，如果被他人认同了，我们会感到无比欣慰和高兴；我们的自我意识往往不愿意承认他人比自己好，拒绝接受他人比自己优秀这个事实，且自我意识越强，这种拒绝心理也就越强，最后就会发展成嫉妒心理。

嫉妒为我们戴上了狰狞的面具，推开了朋友的真心，妨碍我们建立良好的人际关系，使我们陷入孤单和寂寞；它是巫婆许下的诅咒，把美丽的公主变成妖魔，折损了气质的耀眼光芒，玷污了纯粹的灵魂。但它并不是不可控制和消除的。

嫉妒表面看起来理直气壮，其实却是一只纸老虎，外强中干。面对他人对我们的嫉妒，我们大可以大大方方，坦坦荡荡，因为受到折磨的是对方。当然，为了保护我们自身，也要多费一些心思和精力，运用我们的智谋，兵来将挡水来土掩。几次之后，对方见没有任何效果，自然就灰溜溜败下阵来了。

面对自身的嫉妒心理，我们应努力修炼"内功"，要承认人外有人，天外有天，要接受总有人比你优秀的事实，要懂得欣赏他人的优秀。

此外，还要努力做到心胸开阔，以豁达的眼光看待比我们优秀的人。要知道，强中自有强中手，世界上没有最好，只有更好。与其将时间、精力浪费在羡慕、嫉妒上，不如把心思和精力放在学习、工作上，努力做到更好，为自己创造一个超越的可能，而不必去羡慕他人的辉煌。一定有人比他更优秀，也许那个人就是未来的我们。

然后，我们还可以用转移注意力的方式远离嫉妒的魔爪。忙碌而充实的人分身乏术，当然就没有时间去关注别人的优秀，即使看到了，也没那闲工夫去胡思乱想，嫉妒的毒素就不会蔓延扩散。

最后，我们也要懂得欣赏自己，发现自己的闪光点，这样即使产生了嫉妒心理，也会很快摆正心态，不会导致心理失衡。如果只是盯着自己不如人的地方，并不断放大，自然会陷入嫉妒心理中，最终迷失了自己。

我们不用"谈妒色变"，换个角度看嫉妒，就会发现嫉妒其实是上天赐予我们的化了妆的礼物，如果我们能化嫉妒为动力，化消极为积极，我们就可以从中汲取力量，不断发奋前进，这时，嫉妒就会成为我们进步成长的阶梯。

所以，扼杀幸福的罪魁祸首不是别人，而是我们自己，是我们心境的改变。要想不被嫉妒心理折磨，我们就要努力使自己的内心强大。

女孩当自强

在高速发展的现代社会，女人自强不息、独立自主才是当今时代的主旋律。像电视剧《爱情公寓》里面的胡一菲那样，要上得了厅堂，下得了厨房，杀得了木马，翻得了围墙，开得起汽车，住得起洋房，斗得过瘪三，打得了流氓，外貌上的芭比娃娃，行动上的变形金刚，学术界的东方不败，不怕老鼠不怕虫，保护得了自己还能救得了曾小贤，几乎成了完美女战士的定义。新时代女性学会自我拯救和自我完善是最重要的，由别人赐予的幸福永远是不安和被动的，我们与其将自己的兴衰荣辱附庸在别人身上，不如为自己赴汤蹈火，做自己的英雄。

她的家乡坐落在一个偏僻的小山村，父母是地地道道面朝黄土背朝天的农民。她从小怀着对大学的憧憬，十几年如一日寒窗苦读，终于得偿所愿。她是村里第一个考上大学的孩子，这张录取通知书虽然光宗耀祖，却没有给她带来多少兴奋，烫金的纸卷上除了好消息还有待交的巨额学费，让全家人一筹莫展，喜忧参半。她清楚地记得母亲笑容下的那一滴心酸而无奈的眼泪，绝望的苦涩让她永生难忘。

不知从哪里升起这股不服输的勇气，她告诉自己不要放弃。父母的为难她心知肚明，含辛茹苦养育自己十几年，难道还要他们再为自己操碎心？于是，她开始为学费而四处奔波，访亲拜友，开学前，她终于凑足了学费。

背着厚重的行李，告别父母和家乡，她踏上了去往远方的火车。踏上异乡土地的那一刻，她下定决心，从此以后自己的路靠自己来走，即使困难重重，也绝不能再向父母要一分钱！然而理想很丰满，现实很骨感，交了学费安顿下后，口袋里的钱所剩无几。她相信天无绝人之路，天文数字般的学费都被自己凑齐了，生活费总会解决的。果然，如她所愿，根据相关政策学校可以向贫困家庭的大学生提供助学贷款，听到这个消息时她感到前所未有的开心，只要给时间缓冲，她就能用双手还清债务。

坐在教室里上课的时候，她才意识到自己有多么渺小。她所选专业为英文，自己入学成绩排在班级的后几名之内，身边的同学们都有纯正的英文发音，他们轻松流利地谈论每一个话题，这让她有点自卑，但是，她没有低头。尽管银行卡上定期打来的生活费只有200元，她还是买了最权威的牛津字典、性价比极高的复读机，开始了她学习英语的"漫漫征途"。每天入睡前，她都会塞上耳机一遍一遍听着英语文章。早操结束后，她对着复读机练习口语发音。功夫不负有心人，大一结束的时候，她的综合成绩排到了班级前10名。大一的暑假几乎所有同学都迫不及待地计划着回家，尽管她是如此思念家人，但她不能回去，在学校的时间几乎都用来学习，这短暂的两个月是赚取下学期生活费的唯一机会。镇江的夏天酷暑难耐，她为了一份工作，从城南到城北，从城北到城南，每天搭公交两个来回。开学前一个星期，她终于拿到了人生的第一份工资。大二那一年，她尝试调整学习方法，期末考试结束，班主任打电话来说："你考了我们班上第一名！"她简直不敢相信自己居然考了全班第一名。还记得全班一起照毕业照的时候，她感慨万千，完全靠自己的努力和所有人一起走到了大学终点，这是上天对自己的肯定。在大学期间她活跃于班级、社团和学生会之间，是外国语学院的学生会学习部部长；担任班级的团支部书记，组织大家去看日出，去野炊。四年的大学生活，她笑过、哭过、累过，但是很快又能站起来独当一面，扛起所有的责任和义务。她在生活上、在学习上，用满腔的热情和独立的人格一点一点编织着自己的未来，书写人生的乐章。励志的故事每时每刻都在未知的地方上演，而自强不息的精神代代相传，纵观上下五千年，从来没有它的缺席，花木兰替父从军，穆桂英挂帅出征，一个个伟大而独立的女性身影，都是不朽的丰碑。

很多人会对没有独立思想的人嗤之以鼻，这样的人缺乏自己对事物的判断标准，不敢说拒绝，只知道像傀儡一般顺从，实在是没出息。

临危不惧，从容自若

《红楼梦》里面从不缺才子佳人，他们不仅风流高雅，而且诗词歌赋样样精通，个个都属绝世风华。大观园中的女子，从金陵十二钗正册、金陵十二钗副册到当权太太、丫头仆妇，多是标致的美人，大多衣着光鲜亮丽，富贵体面的仪表姿态，当真是"美女集中营"。生活在大观园里面，不愁吃穿，格调高贵，所以也有了姑娘们宁留在贾府端茶倒水，为奴为婢，也不愿配给外人得自由身的说法。可惜自古以来风水轮流转，贾府落败后，官兵气势汹汹来抄家，这些富贵闲人养尊处优过惯了闲散日子，一个个吓得死去活来，哭得气短神伤。连那不可一世的凤姐都直接坐地不起，大喊大叫。前后对比，形象大相径庭，哪里还有往日的威风？让人不禁唏嘘，在大难临头的紧要关头，这些平日里高人一等的女人们竟然全部乱了阵脚慌了神，显得如此狼狈不堪。

由此处联想到我们自己，是不是具备处变不惊、镇定自若的能力呢？我们身在当代，生命线、事业线、爱情线，命运掌握在自己手里，哪怕风云变色，我们依然要安之若素，方显女子本色。

在小说的世界中，鸟语花香，莺飞草长，即使有点儿小打小闹，无所不能的男主角总能瞄准时机，从天而降，解救苍生，出现欢喜结局。但现实发生的事情却不是虚构的那般美好。

在外打工的女孩瑶瑶就遭遇了一场飞来横祸，光天化日，一男子持刀闯入了瑶瑶的家，威胁着用绳子将她捆了起来，并逼问其钱财藏在何处。一直过着平静安定生活的瑶瑶看着明晃晃的刀子早已吓得花容失色，六神无主。电视、报纸、网络都报道过抢劫这样的事情，没想到今天却真真切切发生在自己身上，一个个鲜活的例子顿时浮现在她脑海里，轻则洗劫一空，重则人财两失，此时前所未有的恐惧从四面八方袭来。好在瑶瑶很快冷静下来，如果坐以待毙，钱财乃身外之物暂且不谈，自己能不能毫发无损都未可知，现在贸然求救似乎有些冒险，身处险境，能否逃生就靠自己了。

瑶瑶稳住情绪，心中闪过无数念头，只要有一线生机就不能放弃。她发现歹徒虽然尽力表现得强势，但一直显得十分慌张，底气显然不足，想来不是惯犯，于是瑶瑶开始软下声音安抚他，尝试着与男子交谈。她谎称自己以前也干过抢劫的勾当，只要对方不报警，他们只求财不伤人性命，拿完钱就走人，毕竟谁也不想做这样的事。歹徒听完后，放松了防备，大概也是觉得自己掌握了瑶瑶的把柄，男子便无所顾忌，答应了瑶瑶一同前往银行取钱的要求。在去取钱的途中，瑶瑶见机求助，歹徒被当场抓获。可见面对变故，自乱阵脚是没有用的，男孩子身强体壮，大都会一点儿三脚猫的功夫，有时还能派上用场，但女孩子就不一样了，没有健硕的体格不能肉搏，就只有保持冷静，用智慧保护好自己。瑶瑶凭借着自己的机警聪慧逃过一劫。

美丽的雪山高原神秘莫测，巍峨壮丽，它以最美丽庄严、神圣不可亵渎的姿态吸引着无数朝圣者前去顶礼膜拜。严溪、张路和陈明三个人结伴而行，想一览雪山风光，感受银装素裹的自然风景，挑战这项富有刺激性的运动。严溪是唯一的女生，由于顺着陡坡上去温度越来越低，海拔也更高了，最先出现体力不支的状况，这样难免拖了大家的后腿，还好有张路和陈明两位男士的悉心照顾，三人行进速度没有受到太大影响。即使寒风凛冽，空气稀薄，环境恶劣，但是大自然的考验并没有磨灭他们的热情和信心。

三人在行进过程中遇到了雪崩，幸运的是没有被活埋在厚重的积雪里，只是被困在了山洞之中，等待救援。时间过得很慢，但劫后重生的快感和陈明的乐观使他们没有屈服在未知的等待中，他们三人常常苦中作乐打发时间。可是再怎么精打细算，也耗不过一个个日夜交替。

三人的谈话越来越少，保留精力是一方面，还有一方面原因三人心照不宣，过去这么久，求生的希望越来越渺茫，饥寒交加逼得人快疯了。他们很快便到了恍恍惚惚的状态。陈明已经打算放弃，由于几天没合眼了，他唯一想做的就是睡一觉，不愿顾忌这一梦是否还能醒来。张路是最冷静的，也是最早给三人判"死刑"的人，他说如果实在坚持不了，就用随身携带的匕首给自己一个痛快。严溪心里直叫苦，不仅要用仅存的力气弄醒陈明，还要时刻提防张路"想不开"。在这样的绝境之下，作为女生，心理承受能力是极其有限的。严溪心里同样害怕，但是更多的是不甘，靠着骨子里的倔强，她保持着清醒，即使饿得头晕眼花，也不能放纵心里的恐惧吞噬掉理智。严溪在给自己打气的同时，也不停地鼓励着二人，不要对死神低头，更不要胡思乱想逼得自己精神崩溃，只要不放弃，就有希望活下来。两个大男人此刻不得不佩服严溪的意志，的确，与其自暴自弃不如搏一把，赢了就是整个人生，输了无非横竖一个结局，想到这里，在严溪的鼓励下，陈明和张路对生存的渴望再一次燃起。

一次次昏厥又一次次清醒过来，终于在坚强的意志支撑下，等到了救援人员。在遇难过程中严溪不断给予张路和陈明勇气，激起他们的求生欲望，把他们从鬼门关拉出来，是他们终其一生都念念不忘的人。这段刻骨铭心的记忆，不管被时光冲刷了多久，每每午夜梦回时，她美丽的身形、温柔的呼喊声、坚韧的意志都会震撼他们的灵魂。

提到建功立业，保家卫国，多数人都会想到男子铮铮铁骨、顶天立地的光辉形象，他们驰骋沙场，马革裹尸，不破楼兰终不还，但巾帼不让须眉的女子，同样能载入史册，留名千古，成为女孩子纷纷效仿的典范。谁说女子不如男？杨家一个烧火的丫头披上战甲，大将之风尽显，在面对黄沙滚滚、敌人虎视眈眈之时，依然镇定自若，横扫千军，所向披靡，令敌人闻风丧胆。她的从容，她的胆识毫不逊色于男子。

　　在任何领域，变故不会让勇敢的女性感到沮丧，只会教会她们坚强，只有她们才是时时刻刻都散发着魅力的女人。

近朱者赤，近墨者黑

如果你的周围呼啸着群鹰，那么你也会成为搏击长空的王者；如果你的周围环绕着山雀，那么你也许不会有俯瞰山河的勇气。挚友助我们扶摇直上，同走康庄大道；损友诱惑我们误入歧途，甚至陷入犯罪的深渊。西晋思想家傅玄曾说过："近朱者赤，近墨者黑；声和则响清，形正则影直。"也就是说，经常与优秀的人接触，我们就会向乐观积极的方向发展；如果我们生活在阴暗肮脏的环境中，潜移默化之下，我们的品行也会不知不觉地变质，思想也会堕落，最后就会造成令人后悔莫及的伤害。人与人的交往构成了纵横交织的社交环境，每个人都有自己的圈子、活跃的小环境，能够成为翱翔天空的苍鹰，还是鼠目寸光的山雀，朋友和环境的选择很关键。

"自古凤凰选君王，栖于梧桐琉璃怨。"梧桐高大挺拔，为树中佼佼者，由此才能受到凤凰的青睐，成为栖息的环境。作为百灵之长的人类，更是注重生活环境的挑选，主张"居必择乡，游必就士"。古时"孟母三迁"由"近墓"迁至"市旁"最后定于"学宫之旁"，一片用心良苦，只是为了给孩子一个良好的成长环境。《颜氏家训》道："人在年少神情未定，所与款狎，熏渍陶染，言笑举动，无心于学，潜移默化，自然似之。"也同样说明了，我们时时刻刻都受着环境和所接触的事物的影响，耳濡目染之下，就会形成相应的思想品格、习惯、气质。鲁迅先生也曾说："读书人家的子弟熟悉笔墨，木匠的孩子会玩弄斧凿，兵家儿早识刀枪……"这是有一定道理的，在大环境的熏陶下，人的认知自然要从身边开始，环境与人的成长息息相关。

"唐宋八大家"之一的欧阳修在颍州做官时，有一个叫吕公著的年轻手下。一次，范仲淹路过此地，就顺便拜访欧阳修，刚好吕公著也在场。席间，范仲淹对吕公著说："你能在欧阳修手下做事真是太幸运了，可以向他讨教作文题诗的技巧，对你日后写文章一定是有好处的。"正所谓名师出高徒，经过欧阳修的指点，吕公著果然收获颇丰，写作水平显著提高。

可见，我们交朋友要严格把关。孔子曾教导世人："益者三友，损者三友。友直，友谅，友多闻，益矣。友僻，友善柔，友便佞，损矣。"

一提到张衡，大家都会联想到地动仪，这位东汉时期伟大的科学家，研究的领域涉及天文学、地震学、机械技术等多个领域，并留下了很有价值的著作。他在青年时期同马融、王符、崔瑗等有才之士交好，特别是崔瑗，虽然他的名气远远不如张衡，早就被湮没在历史的浩浩长河中，但是他很早便开始修习天文、数学、历术等，张衡经常同他讨论问题，交流心得，共同奋斗。后来，张衡更进一步研究天文、物理等，为中国科技的发展做出了巨大贡献，很大一部分原因是得到了崔瑗的引导。可见一个伟人的诞生，离不开生活环境、交友环境的影响。

未成年人有父母的监护，父母能在一定程度上帮助未成年人选择合适的朋友。《涞水闻记》中记载，宋朝有人名为张奎，他的母亲就很注意引导儿子结交有益的朋友。张奎新交到了朋友，他的母亲就会请他们来家中聚餐。美食佳酿在前，谈天说地，道古论今，可算是美事一桩。每次他的母亲都会在窗外听他们谈论的内容，若是朋友和儿子聊学问，谈见闻，她就高高兴兴地设宴招待；如果是嘻嘻哈哈，打闹嬉戏，不谈正事，她就不管饭吃，请儿子送客。古人不仅喜欢和志同道合之人结交，还会刻意地认识"胜己者"，即才德超过自己的人，以便学习他人的优点，取长补短，受到好的影响。

现代的父母，虽然无法像孟母那样，为了给儿子寻找一个良好的环境而几次搬迁，最终定居在书香气息浓郁的地方，但是大多都很注重子女交朋友，甚至希望老师能为子女安排一个成绩优异的同桌，以促进孩子学习进步。无论是子女学习到对方刻苦学习的精神，还是听课答题技巧，这都是一笔宝贵的财富。

"近朱者赤，近墨者黑"这一至理名言不但体现在未成年人的成长过程中，在成人的世界，也被有力地证明了其正确性。

新中国成立前，有一位青年才俊名叫穆时英。当时社会笼罩在浓重的黑暗之下，民不聊生，他写了一本小说《南北极》，揭露了当时的恶劣状况并一举轰动了文坛。就是这样一个大义凛然的人到了十里洋场后，受到了上海腐朽生活的影响，竟然性情转变，从原来的贬斥到后来歌颂起纸醉金迷的生活，这不就是"近墨者黑"的恰当诠释吗？

物以类聚，人以群分，"近墨者黑"的人和事在生活中更是经常上演。曾有一则报道：太原张家兄妹四人因贩毒被判刑，一家人都贩毒未免有些耸人听闻。事实上，最初只是老大结交了毒贩子，为牟取暴利走上犯罪的道路。但在哥哥的影响下，弟弟妹妹也接触了毒品，后来一发不可收拾，最终全家锒铛入狱。所以说损友的危害不只是毁了个人的前途，还有可能粉碎一个家庭的幸福。

当然万事没有绝对，近朱不一定赤，近墨不一定黑的例子在古今中外也比比皆是。比如：同样生活在歌舞升平、充斥着权力和欲望的旧上海，鲁迅先生却能始终保持着忧国忧民、心系家国的医者仁心，以及革命家的战斗本色，口诛笔伐，直指黑暗恶势力，向那个他厌恶、同情、恨铁不成钢的旧社会进行了不屈不挠的讨伐。还有，在抗日战争中，深入虎穴以获取情报的地下党员，虽然身在敌营，但还是有很多人能够坚守节操，没有近墨者黑。

当然能够做到这一点是很难的，需要有坚定的信念，要有一颗强大的心。但是，对于仍处在成长阶段的青少年来说，一切尚未定型，内心不够成熟，在这个情况下，远离丑恶，向往美好的事物，才是在这个阶段要做的事情，只有将自己磨炼出钢铁般的意志，才能完好无损地经得住心智的磨砺，为日后不得已的"近墨"打下坚固的基础。

"与善人居，如入芝兰之室，久而自芳也；与恶人居，如入鲍鱼之肆，久而自臭也。"常和品行高尚的人在一起，就像沐浴在溢满芝兰芳香的屋子里一样，长久地在这样的环境中，我们本身也会散发幽香。和品行低劣的人在一起，时间长了，我们身上也会沾染上难以除去的臭味。如果我们的周围都是品德高尚的得道之人，我们就应该努力去赶超，向他们看齐。明辨是非，通过结交益友来提高自身修养，增长才能。

乐于助人，真诚无私

　　每个人都有遇到困难的时候，每个人都有需要别人帮助的时候。当别人有困难的时候而自己袖手旁观，有没有设身处地地想过，如果是自己遇到困难却得不到别人帮助时的焦虑心情。有句歌词写得好，"如果人人都献出一点爱，世界将变成美好的人间"。当你们在抱怨这个世界不美好的时候，有没有想过自己做过哪些使世界变美好的事情呢？

　　乐于助人是我们中华传统最朴实的美德，雷锋就是乐于助人的楷模。在每一个需要帮助的人面前，雷锋都义不容辞地伸出自己的援手，他从不喊苦不喊累，能帮助到别人，他觉得很开心很自豪。从古至今，我们从不缺乏发扬这种美德的人。

　　黄福荣，一位来自香港的48岁的志愿者，2010年4月14日在玉树结古镇地震救援现场因为突袭的余震而不幸遇难，他是在玉

35

树地震现场救援中牺牲的首个志愿者。多年来以来，黄福荣一直热心于公益事业，他每年都会花上几个月的时间一心投入行善活动中，先后历时8个多月徒步从香港走到北京为中华骨髓库筹款，而汶川和玉树地震后，家人出于他身体的考虑，极力反对他前往地震灾区，他却毅然去了灾区投入到抗震救灾中。

他跟我们一样，都是普普通通的人。虽然不能要求人人都像他那样的奉献，但我们也可以从身边的小事做起，朋友之间的相互帮助不也是乐于助人嘛？我们应该学会从身边的小事做起。

杜海珍是一名普通的农村妇女，在家务农，相夫教子。然而，在全村老人们的心中，她却像自己的女儿一般。

村里的人都知道，杜海珍的家庭氛围永远都是村里最和睦的，团结和睦，互敬互爱，尊老爱幼。杜海珍从小就被教育要尊敬老人，她也一直在这么做。在杜海珍结婚后不久，她的公公就病重住院了，她与丈夫轮流陪护在公公身边，从不计较任何经济上的得与失，也从来没有半句怨言。在公公病逝后，她在婆婆的生活和精神上给予了全面的照顾。不仅如此，她乐于助人，对全村的老人都关怀备至，对他们就像对待自己的家人一样。去年，她家还被县里评为"孝顺之家"。从2002年起，每年的重阳节，她夫妻二人都会向全村的290多位老人送上一份节日的礼物，表示节日的祝福。特别是对体弱多病的老人，她经常会亲自上门看望，嘘寒问暖。对于一些孤身一人在家的老人们，她也经常去帮他们做做饭、洗洗衣服、搞搞卫生，等等，老人家里缺少了什么，她都会给一一补齐。她受到了村民的一致好评。

做善事，将其做好，尽自己的能力帮助困难群众，让他们走出困境，是她心中的一个愿望。同样，她也是一直这样做的，并努力达到她心中的希望。2003年，她为村里1800百余人缴纳了大病统筹金两万余元。正是在她这种精神的影响下，这几年的大病统筹收缴工作的效率明显提高，村民对大病统筹的意识也明显增强，参加率达到了百分之九十以上。在2008年的汶川大地震发生后，她在县慈善总会向灾区捐款3000元，回来后，又在村中为灾区捐了5000元。对于村中的困难家庭，她也经常捐款帮助他们。一直以来，她不断帮助他人，从不求回报。

杜海珍，一位普通的农妇，有着一颗金子般的心，关心他人，帮助他人，用她的努力帮助他人走出困境，不求回报。杜海珍的这种无私奉献和乐于助人的精神，正是我们学习的典范。她用她的方式，为自己美丽的乡村增添了美丽的色彩。

而乐于助人的同时更要有一颗真诚无私的心，不计较得失，不抱怨辛苦，不怕自己吃亏。俗话说得好，赠人玫瑰，手留余香。

中国石油武汉销售分公司优秀客户经理程燕琳，以自己的真诚感动客户，以服务赢得客户。

她，只是一名普通的女性，无私地奉献着自己的青春年华，她所在职的区域，是武汉市成品油市场竞争中最激烈的区域，服务的客户共有15家以上，涉及多个行业。同时，她在短短三年的客户经理生涯里，荣获了"武汉分公司年度优秀客户经理""劳动竞赛年度销售能手"等多个荣誉称号，也是武汉销售部分公司唯一一位女客户经理。

成功源于真诚，任客户经理以来，她始终以客户为中心，以维护公司利益为准则，始终坚持将客户的事当作自己的事来做，在客户维护和开发中，将五心"恒心、耐心、信心、责任心、诚心"落实到工作中，真正做到了以真诚感动客户，以服务赢得客户，取得了客户的充分信任，并与客户建立了长期稳定的合作关系。跟她合作过的每一位客户，都对她赞不绝口，她的销售业绩稳步提高。

在销售过程中，程燕琳始终把客户的困难当作自己的困难，坚持用优质的服务赢得客户的认可。有一次，一位客户深夜打电话，告之对公司分配的送油品数量有争议，并且强行扣留配送油罐车及司机不让离开。获知此情况后，本着快速处理问题的原则，程燕琳通过电话了解情况后，顾不上哭闹的孩子，立即打车到达客户那里。为不影响公司的配送计划，经过与客户反复沟通并做出保证，让油罐车司机签字确认数据后先行离开，她则留下来处理此事，查验客户过磅单、质监所的质检证明及其他相关材料，与公司销售部门进行协商，一起针对该问题制订解决方案，最终承诺协调运输公司对超耗油品进行赔付。客户对客户经理的服务感到非常满意，之后，该客户对公司的信任度及忠诚度大大加强，成了公司的忠诚客户，不断向其他客户宣传中国石油的服务。

还有一次，一位新洲地区的客户由于月底财务报税的需要，上午打电话说要在下午3点之前需要拿到当月购油所有的发票。当日狂风暴雨，天气非常恶劣，而且该客户地处新洲非常偏僻的地方，路途也比较远，没有公交车可以直接到达。但接到客户电话后，程燕琳考虑到客户的需求比较急切，如果客户当月不能拿到发票抵扣的话，会造成多缴税款，影响较大于是她马上打着伞到公司找到财务拿到发票，以最快的速度搭乘长途巴士，转乘几次，终于在下午2点将发票送到了客户的手里。当她冒着暴雨到达客户办公室的时候，早已饥肠辘辘，衣服全都被雨淋湿，鞋也湿了。当她把发票完好无损地交给客户的时候，她露出了笑容。客户的感激之情溢于言表，对中石油的服务赞不绝口，也十分过意不去，坚持挽留一起吃饭并补贴坐车的费用，但程燕琳坚决地拒绝了，并和客户说："只要你们是中石油的客户，那么中石油一定以百分之百的热情来为你们服务，并且不会让客户额外地多花一分钱。"同样该客户也成为中石油的忠诚客户。

　　我一直相信每一个乐于助人、真诚无私的人都是美丽的。在遇到别人有困难的时候，他们奋不顾身、不顾一切地去帮助别人，奉献爱心。

　　乐于助人，真诚无私真的很难做到吗？其实不然，我们往往都放大了它，并不是只有跑去灾区当志愿者才算乐于助人，扶一位老人过马路同样也是乐于助人，同样也会得到别人的尊重。当然，乐于助人不是做给别人看的，而是自己得到心灵上的满足，尽自己最大的努力去帮助那些需要帮助的人，乐于助人不是盲目的，它是明确且笃定的。

不要自视清高

人不能自视清高，在社交中，不能因为别人与自己脾气不同，身份有异，就显示出不耐烦或瞧不起别人的样子，当然也不要因自己的职务、地位不如人家，或长相一般，服饰不佳而过分谦卑，要落落大方，不卑不亢。

"无意苦争春，一任群芳妒。零落成泥碾作尘，只有香如故。"读起这阕词，我们眼前便会浮现出梅花遗世独立、坚贞自守的孤傲品格。诗人陆游以此象征古代文人的风骨。他一生写下了160多首咏梅的诗篇。在这个物欲横流的社会，洁身自好，不同流合污之人难能可贵。人可以有傲骨但不能有傲气；人可以自信自尊，但不能自视清高。冰心在《繁星·春水》中告诫道："墙角的花儿，你孤芳自赏时，天地便小了。"井底之蛙无法想象天空的广阔，独立一隅的花儿看不见满园的落红。

商末的伯夷、叔齐谦恭高尚，不争王位相互揖让，自古被世人传颂。自武王伐纣取代周国后，二人耻于归顺周朝，并且斥责周武王不安葬父亲却发动战争为不孝，本是商的臣子却弑君篡位乃不仁不忠。姜太公进谏要招顺伯夷、叔齐并委以重用，但是二人为表气节清高隐居山野，此生绝不仕周，不食周国之粮以采薇为生。后来一位山中妇人说连山中的野菜都是属于周国所有，结果他们连野菜都不吃，坐等饿死。这种做法除了博一个不畏强权忠于主上的美名，其实太过激，一点也不明智，有什么能比造福天下人更有意义？为官者效忠朝廷，最终目的是为国泰民安、百姓安居乐业这个目标尽心尽力，但是伯夷、叔齐本末倒置，他们的爱太狭隘，而且只为了达到自己所谓的清高不同流的心愿。

伯夷、叔齐在某种层面上来说很自私，这样的清高实在不可取。晋朝王衍认为钱财是不干净的俗物，不齿言钱。妻子命人以钱围之，使他早晨无法下床走路，欲逼他说出一个"钱"字，但他只是说"举翻阿堵物"。陶渊明不为五斗米折腰是自尊自爱，王衍清高到这种程度就是矫情，也难怪后人袁枚在《味怪》一书中写道："不谈未必是清流。"经济是国家命脉，老百姓衣食住行都离不开货币，食君之禄，担君之事，作为臣子，王衍却避之不谈，自诩清高把国事放在一边，这种愚昧的思想真是让人哭笑不得。

以前我们都认为中国地大物博，人才济济，自有四方来贺，认为其他国家都是蛮夷之辈，不屑于和其他国家外交，自以为是，故步自封。清朝的北洋水师成立后，清朝上上下下都自以为水军是无敌的，亚洲第一，结果在中日甲午战争中全军覆没，这对我们来说绝对是一个讽刺。我们自视清高，拒绝与外交流，其他国家却由第二次工业革命引进新技术，对外积极开放，吸收人才。八国联军的共同侵略敲响了我们心中的警钟，我们不能再自视清高，我们也应该引进国外技术。试想一下，如果新中国解放之前的战争，我们的装备和别人的一样，我们会牺牲那么多的革命英雄吗？电视里面的抗日战场上，战士搂着炸药包爬到日军坦克底部想用自己的牺牲摧毁坦克，我们除了对这种大无畏的牺牲精神感动之外，黯然神伤的惋惜之情也油然而生，谁叫我们落后太多，没有坦克飞机，只有小米加步枪呢？

在社交场，温和礼貌的人在哪儿都吃香，自视清高无疑是自取灭亡。与人交往时，只有肤浅无知的人才会摆出高高在上的清高模样。尤其对女生来说，平易近人不仅仅是与周围人打成一片，融为一体，更说明了一个人的社交技术，内涵、修养、家教都合格，能被大家接受。"冷美人"在影视作品、文学漫画中的确有一种神圣不可侵犯的庄严美，但是如果放在现实生活中，就完全不一样了。不能融入集体就只有被忽略掉，受到大家的欢迎只是好奇心作祟，时间长了大家产生了免疫力，"冷美人"就失去了吸引力。俗话说"莫欺少年穷"，就算在某一方面一时优越于别人，也不能对别人进行讥讽、嘲笑、轻视。成龙成名之前饱受欺凌，他吃的苦受的罪是许多人都无法承受的。他的经纪人甚至怀疑此人永远都捧不红。大牌的公司瞧都不会多瞧成龙一眼。嗜酒的古龙说无论他敬多少杯酒，都不会为他写剧本。眼看此人只能跑一辈子龙套，那时有谁会想到他后来继承了李小龙的衣钵，众人套近乎都来不及？所以说任何人都不要自视过高瞧不起别人，人外有人，天外有天，"淡泊明志，宁静致远"。真正的大家，是与人为善的人，而不是那些嫌弃集体喜欢独处，自视清高的人。

自视清高的人高处不胜寒，"水至清则无鱼，人至严则无徒"。他们往往是孤独的，寂寞的。在他们眼里，每个人都是俗不可耐、不配与他们为伍的。他们却不知道，在别人眼中他们自己也并没有免俗，因为这个世界没有不食烟火、不通人情世故的仙人。

其实，生活中每个人都会有点自我，这不是对人对己苛刻的自命不凡，因为每个人心中都有自己的底线，超出了我们能接受的底线自然会心中发出不屑，这是人之本性，也无可厚非。喜欢独处，喜欢一个人的生活，没有纷争，没有勾心斗角，没有尔虞我诈，这些都没有错。自视清高，鄙视那些小人，伪君子，那是他的权利，这也都合法，我们并不否认。这只是个人的原则而已。叔本华说过，一个人具备了卓越的精神思想就会造成他不喜与外人交往。的确，如果社会交往的数量能够代替质量，那么，生活在一个熙熙攘攘的世界也就颇为值得了。

人的出生、经历和生活的环境各不相同，所以就有了千差万别的思想和行事风格，但是一个人的存在必定有他存在的价值和意义，一个人做事情的方法和方式，必定有他的原因。我们看事情不要全面地去否定一个人，要知道一个乞丐和一个大学教授在人格上同样应该受到尊重，没有优劣之分。所以不要自视过高，应平视所有的人。我们在社会中不要死守自己的阵地，自以为是，应该换位思考，站在别人的角度多考虑问题，也应该拥有包容之心，包容别人的缺点，体谅他人的过错。

不要卖弄小聪明

　　从前，有一个穷酸的秀才。一天他在街上看见一个人拿着一个大锣和一个小锣从他面前走过，为了卖弄自己的才学，他吟了一首诗："大锣是锣，小锣也是锣，小锣装在大锣里，两锣合一锣。"那个拿着锣的人听后，悠悠地说："秀才是才，棺材也是材，秀才装在棺材里，两才合一才。"秀才卖弄学问不成，反而被人以诗讽刺，其尴尬是不言而喻的。

　　事实上，这个秀才是有些学问的，看见有人拿着锣，小锣叠着大锣，便能灵光一闪，做诗一首，可见秀才并不是草包一个。但是，拿锣人却看不惯秀才的卖弄，便以同样的格式做了一首诗，以讽刺秀才的卖弄。可见，拿锣人也不是泛泛之辈，真是人外有人，天外有天。

　　喜欢标榜自己，突出自己，是人的共性，因此卖弄聪明的事时有发生。但是，正所谓一山还有一山高，卖弄聪明者常常会不幸地遇到真正的高人，其结局就可想而知了。我们无法预测自己是否会遇到真正的高手，但是，我们可以做到一件事情，那就是：在该聪明的时候充分发挥我们的聪明才智，在不需要它时就将我们的聪明才智隐藏起来。真正有大智慧的人，往往为人低调，而不会大肆卖弄自己。

这一点体现在女性身上，就是知性。很多男人都很欣赏知性美的女性，那么"知性"这个抽象的概念到底说的是什么呢？知性大约可以用这么几个词来概括：内外兼修，智慧与优雅并存。内指的是智慧，外指的是容貌得体，优雅是气质，是二者相结合的外在表现。

知性不是一蹴而就的，而是需要用一生去培养的。奥黛丽·赫本一直是世界上公认的最美丽的女性，很多人都认为她不仅有光鲜亮丽的外表，更有傲人出众的气质，是一位典型的知性女性。演艺圈美女如云，为什么赫本能够脱颖而出？就是因为她拥有知性美。这种美的培养，就是内在的智慧与外在容貌共同的培养。赫本致力于援助贫困儿童事业，一直到她晚年，她仍坚持在救助贫困儿童的第一线。有一张赫本双手抱着一个孩子的照片，照片中，赫本的身型比年轻的时候还要瘦削，怀里抱着一个瘦小的孩子，眼睛望着前方，丝毫没有注意到正在拍照的人。那种坚定的神色就好像是黑暗深处的人对远方一盏明灯的信仰。她的表情严肃，嘴唇微微紧抿，似乎想隐藏起对这些孩子所遭受苦难的控诉。赫本一生都坚持着她的信念，正因为对信念坚持，才使得她不断充实自己去遵行这个信念。

很多女性对自己的外貌不自信，即使外貌端正大方的女性，也会用大量化妆品来美化自己的外貌。虽然拥有姣好的容貌和得体的着装，是给人留下良好的第一印象的关键，但拥有智慧能够使得这份良好印象长久地保持下去更重要。很多女性会抱怨："社会的脚步那么快，我也想和童话故事里的公主一样优雅端庄，但是现实生活中的我只能挤着公交地铁，手上拿着早餐，行色匆匆。"的确，我们的生活节奏就像一首高昂的乐曲，生活的压力使得现代女性难以过上精致悠闲的生活。但真正意义上的优雅并不是这种形式上的优雅，而是从内向外散发出的，是内在智慧的外在体现。

此外，我们应该多读书。读好书是内外兼修的绝妙法门。在世界富豪排行榜的前50名中，有很多是犹太人。犹太人有一个优于其他民族的良好习惯，那就是他们喜欢看书。读书可以提高一个人的内在修养，充实人的内心，使人拥有内涵。当然，内涵不是一个月或两个月就可以拥有的，它是一个长期培养且持续的过程。法国作家罗曼·罗兰曾说过："多读些书吧，读些好书，这是唯一的美容佳品，书是女人气质的时装，会让女人保持永恒的美丽！"

聪明是一个中性词，智慧则是一个褒义词。女人往往更希望他人称自己是一个具有智慧的女性而不是一个聪明的女性。古今中外的书籍是人类思想和智慧的结晶，读书是最直接、最有效的获得智慧的方法。俗语有言："腹有诗书气自华。"女性是感性的，而读书让女性开阔了眼界，使得女性在拥有感性的同时，还拥有理性的思维，这是非常难能可贵的。

在读书的时候，我们要有所选择，读一本烂书是在浪费我们的时间和精力，相当于浪费我们的生命。所以选择一本好书是十分必要的。英国著名思想家培根曾经说过："读史使人明智，读诗使人灵秀，数学使人周密，科学使人深刻，伦理使人庄重，逻辑修辞学使人善辩。凡有所学，皆成性格。"可见，读书并不是泛泛地什么书都读，而是要选择适合自己的读。适合女性读的书分三类：第一类为中外古典名著，第二类为名人传记，第三类为励志书籍和杂志。中外古典名著如《飘》、名人传记如《铁娘子传》、励志书籍和杂志如《钢铁是怎样炼成的》和《读者文摘》等，都是值得女性反复去咀嚼、品味的。在阅读的过程中，我们可能会对很多地方产生疑问，但是只要坚持阅读，我们的思想和眼界就会更加开阔，以前的疑问基本就能迎刃而解了。

德国著名的诗人歌德曾经说过："外貌只能炫耀一时，真美方能百事不殒。"这里的真美，是可以用"优雅"二字来代替的。优雅不是时尚，千变万化，需要我们紧随它的脚步才能将它捉住。优雅更多的是一种时间和阅历的沉淀，这是无法用化妆品修饰出来的，也无法用聪明才智来替代的。有一些女性，外表平淡无奇，却见识非凡，气质优雅，这样的女性无论到哪里都会是众人关注的焦点。优雅的气质不是一时三刻就能培养出来的，这和一个人的生活环境、阅历和学识息息相关。我们可以看一些高品位的杂志，这样的杂志中的文章往往短小精悍，却又发人深省，讲了很多古今中外的历史名人的故事。我们不妨在睡前读一读这样的故事，细细品味他人的性格特点和处事方式，从中找到最切合我们性格的方式，取其精华去其糟粕，以此来完善我们自己，逐渐培养起属于我们自己的独特气质。

总而言之，真正有大智慧的女人，并不会卖弄自己的聪明，而更注重对自身气质的培养。因此，在和他人交往时，我们要三思而后行，要深沉内敛，着重散发出自己独特的气质。不要急着说话，急于表达自己，要知道适当的沉默，会更显得我们成熟深沉，更加优雅而富有魅力。

不要不修边幅

最近网络上流行着一个新名词——"女汉子"，指的是行为不拘小节、开朗直爽、心态乐观、能扛得起责任、内心强大、在生活中气场较强的女人。其中典型的例子就是，范冰冰从玉女成功转型成"范爷"。无论人们是否喜欢这样的女性，但是有一点毋庸置疑，那就是范爷的转型非常成功。可能许多人会把女汉子和不修边幅联系在一起，但是若说范冰冰不修边幅，可能没有人会赞同。由此可见，女汉子并非不修边幅。

不修边幅指的是不注重外在形象，给人的感觉很邋遢，但范冰冰在屏幕上无时无刻不是光鲜靓丽的，她的不拘小节是指作为一位社会名人，不摆架子，不计较小事。

美国著名形象设计大师罗伯特·庞德曾经说过："服装是视觉工具，你能用它达到你的目的，你的整体展示——服装、身体、面部、态度为你打开凯旋、胜利之门，你的出现向世界传递你的权威、可信度、被喜爱感。"对于女性来讲，在年轻的时候开始注重打扮，追求时尚，但是在有了家庭和孩子后，女性在保持外形靓丽方面就显得心有余而力不足了。

有一个叫作小莲的女孩子，她很漂亮，在公司里是很多男性心仪的对象。她结婚后不久便生了孩子，然后辞去了工作，一心在家相夫教子。在外人眼里，小莲的家庭是一个幸福的家庭，但事实上，小莲生了孩子以后，再也不注重梳妆打扮了。她的先生抱怨说："我的妻子在家邋遢，也不知道打扮自己了，衣服乱穿，都不注意搭配一下。有时候我提醒她，她还责怪我管得太多。我喜欢她的时候，她是一个非常注重细节、优雅端庄的女孩子。虽然她带孩子辛苦，自己的时间也少，可是她性格改变得也太多了。"这样一个被丈夫抱怨不修边幅的女人，其实是很悲哀的。

在中国，这样的女性并不在少数，她们以为结了婚生了孩子，自己便可大大咧咧，不修边幅，可是世界上有几个男人不是"外貌协会"的呢？李开复曾经对他的女儿说："女孩子不要为任何人打扮自己，或把自己搞得不修边幅，要每天都把自己装扮得干干净净、漂漂亮亮。美丽，只为自己。"

不修边幅主要反映在三个方面：生活的环境、自身的服装搭配、生活的细腻感。因此改掉不修边幅的毛病也要从这三个方面着手。

首先，是生活环境方面。表面看起来再大大咧咧的女性，在骨子里面都有温柔细心的一面，只是习惯了懒散和不修边幅，于是她们的卧室看起来凌乱不堪，像经历过飓风，整个生活环境邋里邋遢的。要知道，女性居家的时候可以随意，但不能不修边幅，这体现了女性的个人素养。房间可以很小，但一定要干净整洁。这样，即使小房子，也会变得温馨。否则，房子再大，若没有章法地乱放东西，也会显得拥挤，使人不愿多待一刻。

其次，是女性自身的服饰搭配。美国形象大使罗伯特·庞德曾说过："你永远只有两分钟。前面的一分钟让人认识你，后面的一分钟让人喜欢你。"与男性相比，女性的着装要求要严格得多，不同的场合必须着相应的服装。所以，女性应该学会为自己挑选合适的衣服。在选择服饰时，应遵行一个原则，即：女性的仪态不在于漂亮，而在于优雅；女性的衣服不在于华丽，而在于干净和整洁。换句话说，即是要懂得根据自己的气质来搭配衣服。女性可以先看别人怎么搭配，可通过网络、杂志、生活观察等形式学习。比如，《世界时装之苑》《瑞丽》等时尚杂志都是我们学习如何搭配衣服的良好渠道。当然，穿衣服的品位不是一天两天就能提升的，这需要一个过程。徐若瑄曾经在采访中说过，她在刚刚出道的时候很不会搭配衣服，作为一个明星，这是一件很严重的事情。于是，她想了一个办法，就是一边看时尚杂志，一边把自己喜欢的衣服搭配剪下来贴在一个专门的本子上面，然后在衣店里面买差不多的衣服穿，有时候她甚至需要自己动手剪裁衣服。最后，徐若瑄逐渐穿出了自己的风格，再也不用按照时尚杂志上面的搭配来穿。反而有很多杂志采访她，她的穿衣风格渐渐被很多的女性模仿。

当然，我们也不需要紧跟时代潮流，当季流行的不一定是适合我们的。但是我们一定要持之以恒地培养自己的着装品位，三天打鱼两天晒网的方式是绝对培养不出高品位的。

最后，是生活的细腻感。过细致的生活和年龄是没有关系的，无论是18岁的青春少女还是60岁的蹒跚老太，都有过细致生活的权利。火车上，有6位中年妇女，刚好占了硬卧面对面的6个床位。吃午饭时，她们拿出了自己带的午饭，还带了玻璃饭碗盛饭，吃完饭以后，她们又去洗了碗，吃了水果。很多人会很吃惊，在火车上，人们通常是随随便便吃一碗泡面就可以了，她们这样做是不是显得太矫情？其实，她们的生活才是细致的生活，相比于大多数人不讲究的泡面，她们吃得更加健康环保。可见，不修边幅与年龄无关，只与懒惰有关。女性要用自己的双手和智慧将自己的生活细致化、简单化。

不修边幅的人，是不懂生活的人。一个不懂生活的人，又怎能照顾好自己，照顾好家人呢？又怎么能成为一个美丽的女性？因此，女孩不能不修边幅，精致的女孩才更有魅力。

眼睛是心灵的窗户

　　一张美丽的脸庞必定镶嵌着一双宝石般灵动闪亮的眼睛。眼睛是人最直接、最准确的窗口，体现了人的精神和气韵，诉说着情感的波澜起伏、阴晴圆缺。一个人的眼神若是暗淡无光、木讷空洞，说明这个人精神不振，毫无气质可言。而一双炯炯有神的眼睛能使整个人光彩四射、美丽迷人。孟子曰："存乎人者，莫良于眸子。眸子不能掩其恶。胸中正，则眸子了焉；胸中不正，则眸子眊焉。听其言也，观其眸子，人焉廋哉？"大意为与其察言观色，不如观察他的眼睛。眼睛不能遮掩一个人内心的丑恶，若是此人心胸不坦荡，眼睛就昏暗躲闪。若是此人胸怀坦荡，其眼睛就明亮纯净。漂亮的女孩都有一颗真善美的心，如果没有保护好心灵的窗口，其气质就会大打折扣了。

　　美美是一个骄傲的女孩，因为她有一双羡煞旁人的大眼睛，漆黑的眼眸波光流转，卷翘的睫毛比洋娃娃还可爱，每天早上对着镜子里的自己甜甜一笑，又将是信心满满的一天。可是近些天，这位小公主却为眼睛而烦恼。为什么呢？她的眼睛近视了。上课看黑板，上面的字模糊不清，害得美美只好借同桌的笔记抄；晚上看电视时，屏幕上人头闪动，美美却看不清演员脸上的喜怒哀乐，她不禁觉得索然无味。妈妈说，美美学习的时候坐姿不对，她总是趴在桌子上写字，看书也是趴着，仿佛要钻进书里似的。爸爸说，美美喜欢把凳子搬到电视面前，一坐就是一整天。爷爷说，不知道说了多少次，美美就是左耳进，右耳出，现在眼睛坏了，知道着急了吧？奶奶说，要尽快给孩子配眼镜，才能不耽误学习。美美虽然很后悔，但是看着周围的同学们戴上眼镜，显得挺有书卷气，而且戴眼镜已经成了一种潮流，很多没有近视的人也买副眼镜框架在鼻梁上，美美心中开始期待自己戴上眼镜的模样，把近视的恐惧和担忧丢到月球去了。

美美跟着爸爸来到了眼镜店，店员的脸上挂着得体的职业微笑，将一家人迎了进去，端茶倒水十分热情。"是这个小姑娘配眼镜吧？""哎，现在的小孩子都不爱护眼睛，发现近视了，也晚了。"美美的爸爸无奈地说。"是啊，我们读书的时候哪有那么多人戴眼镜啊？现在竞争激烈，孩子也辛苦，我天天在店里，多少学生来这儿配眼镜哟。""孩子们都这么小，戴上眼镜就一辈子摘不下来了，以后可怎么办啊？""不要太担心，先生，我们店里有矫正眼镜可以帮助学生们矫正视力，慢慢把度数减下来。"店员适时地推荐着新产品。能让自己的女儿摆脱近视，有谁不愿意呢？"这么神奇？你倒是说说这个矫正眼镜是怎么减轻近视的。"看到客人很感兴趣，店员便对此产品详细介绍起来。美美才不想听店员啰唆，便漫不经心地逛起眼镜店来。第一次买眼镜可比买衣服更让美美兴奋，明净剔透的玻璃柜里放着很多独特时尚、工艺精美的眼镜框。她一眼就看中了一副个性可爱的方框眼镜架，它以浪漫的粉色为底，上面点缀着白色的花纹。

"真漂亮，就是它了。"美美打定主意，迫不及待地想戴上它看看是什么效果。爸爸带着美美做了一系列检查后，医生确定了度数，有些高。"不是吧，我怎么近视400度了，没有搞错吧？"美美怎么也没想到自己近视这么严重。"这也不是我信口胡说，是仪器测量的。不过你也不要太担心，你爸爸为你选了矫正镜片，只要你在生活中正确用眼，就会慢慢好起来的。"医生安慰道。

美美点点头。

这家店效率挺高，选好了镜片和镜架，成品很快就做好了。镜中的女孩肤如凝脂，小巧的鼻子上架着可爱的粉色眼镜，镜片后面的大眼睛这儿转转那儿转转，神采奕奕，戴上眼镜的美美活脱脱成了一个淑女。父女二人离开眼镜店的时候，爸爸还在耳边唠叨，美美嘴上答应着心里却很高兴，戴上眼镜没什么不好的，还变得更漂亮了。

接下来的几天，美美的热情依然高涨，戴着眼镜四处晃悠着，收获了不少夸赞。只是正所谓"祸兮福所倚，福兮祸所伏"，几个星期过去了，麻烦也随之而来。美美有丢三落四的坏习惯，已经有好几个早晨醒来找不到眼镜，害得美美欲哭无泪，只好叫醒爸爸妈妈帮她一起大海捞针，导致新的一天刚刚开始就被骂，美美也没心思欣赏自己的眼镜了。有一天美美贪睡起得晚，离开家时走得匆忙，上课了才发现忘了戴眼镜。老师恰好点到她回答黑板上的问题，可是密密麻麻的粉笔字在美美看来只有模糊一片，半天回答不出来。老师脸色显然不好看，美美心里恨死了近视。愉快的周末即将到来，一扫之前的阴霾，美美打算跟闺蜜一起看期待已久的美国大片，她们之前就查过预告片，场面宏伟浩大，气势逼人，还是3D版，只有电影院里的大屏幕才能发挥出大片的价值。二人欣然赴场，以为能像往常一样尽情享受电影带来的感官冲击，结果由于坐在后排，美美戴着眼镜又不得不用手扶住3D特制眼镜，一场电影下来，手都酸了，这双重眼镜，美美体验过一次就再也不想来第二次了。对眼镜的三分钟热度已过，想到近视带来的烦恼多多，美美现在看到眼镜就发愁。

要成为漂亮的女孩，我们一定要爱护自己的眼睛，若是不注意眼睛卫生和用眼方法，使眼睛近视了，我们就要像故事中的女孩一样面对各种不便和烦恼。即使拥有美丽的眼睛，但由于长期近视，眼球变形成了死鱼眼，成了一潭死水，也会严重影响美观和个人的气质。幸好亡羊补牢也为时不晚，那么怎样才能保护好我们的眼睛呢？

第一，劳逸结合，避免过度用眼。即使是机器工作也要保修，更何况是我们一醒来就开始工作的眼睛呢！它每天帮助我们接受大量的信息，不知疲倦地工作着。不爱护眼睛的人经常会使眼睛超负荷工作，这样极易造成近视。所以无论是玩游戏、看视频，还是看书写字，每隔一段时间，什么事情我们都要放下，闭上眼睛按摩穴位，远观几分钟，最好是看看绿色植物，有利于消除疲劳。桌子旁边我们可以摆放一盆植物，增加空气湿度以保持眼睛的湿润，能够减轻疲劳。

第二，有光线，眼睛才能接受图像，光线和眼睛有着密不可分的联系。因此，青少年朋友们不要在强光或弱光下看书。强光过于刺眼，而弱光会加重眼睛的负荷。如果要长时间面对电脑，我们应在显示器旁放盏台灯作为光源，这样眼睛不会太累，所以一个合适的工作灯就至关重要了。

第三，坐有坐相。这不但与个人修养息息相关，对眼睛来说也是福音。任何不正确的坐姿都会引起近视不说，还会造成可怕的斜视等问题。从美观来讲，如果说近视是毒药，那么斜视就是鹤顶红，不用多说，就可以想象一双斜视的眼睛有多难看，所以坐姿不正确的女孩们一定要改掉这个坏习惯，及时悬崖勒马。

第四，多吃胡萝卜，因为其中含有丰富的胡萝卜素是保护眼睛的灵丹妙药。缺少它们会造成视力下降，因为维生素A直接参与视紫红质的形成，它是视网膜上吸收光线的重要化学物质。

美丽的女孩子们，6月6日是全国爱眼日，为了让心灵的窗口保持明亮透彻，更好地传递出我们的青春和魅力，让我们行动起来，成为护眼达人吧。

腹有诗书气自华

"腹有诗书气自华",顾名思义,就是书读得多了,气质自然而然就升华了。这句话出自苏轼的《和董传留别》:"粗缯大布裹生涯,腹有诗书气自华。"两句连在一起意思大概就是:虽然衣服粗陋朴素,但学问深厚、知识渊博,气质自然会高雅光彩了。

古往今来,能印证这个观点的人不计其数。

唐朝浪漫主义诗人李白,字太白,号青莲居士,被后人誉为"诗仙"。李白祖籍陇西成纪,出生于碎叶城(当时属唐朝领土,今属吉尔吉斯斯坦),4岁时随父迁至剑南道绵州。李白存世诗文千余篇,有《李太白集》传世,于762年病逝,享年61岁。其墓在今安徽当涂,四川江油、湖北安陆有纪念馆。

李白少时的学习内容很广泛,除儒家经典、古代文史名著外,他还浏览诸子百家之书,并"好剑术"。他很早就相信当时流行的道教，喜欢隐居山林，求仙学道；同时又有着建功立业的政治抱负，自称要"申管晏之谈，谋帝王之术，奋其智能，愿为辅弼，使寰区大定，海县靖一"。一方面要做超脱尘俗的隐士神仙，一方面要做君主的辅弼大臣，这就形成了李白出世与入世的矛盾。但积极入世、关心国家，是李白一生思想的主流，也是构成其作品内容的思想基础。李白青少年时期在蜀地所写的诗歌，留存很少，但像《访戴天山道士不遇》《峨眉山月歌》等篇，已显示出不凡的才华。上元二年（761年），已60岁的李白因病返回金陵。在金陵，他的生活相当窘迫，不得已只好投奔在当涂做县令的族叔李阳冰。上元三年（762年），李白病重，在病榻上把手稿交给了李阳冰，赋《临终歌》而后与世长辞。

李白一生不以功名显露，却高自期许，不畏权力，藐视权贵，曾流传着"力士脱靴""贵妃捧砚""御手调羹""龙巾拭吐"的故事。李白肆无忌惮地嘲笑以政治权力为中心的等级秩序，批判当时腐败的政治现象，以大胆反抗的姿态，推进了盛唐文化中的英雄主义精神。李白反权贵的思想意识，是随着他生活实践的丰富而日益成熟的。李白对大自然有着强烈的感受力，善于把自己的个性融入自然景物，使他笔下的山水丘壑也都带有一定的理想化色彩。李白用胸中之豪气赋予山水以崇高的美感，这既是对自然之力的讴歌，也是对高瞻远瞩、奋斗不息的人生理想的礼赞，使得其超凡的自然意象和傲岸的英雄性格浑然一体。

李白的诗歌创作带有强烈的主观色彩，主要侧重抒写豪迈气概和激昂情怀，很少对客观事物和具体时间做细致的描述。洒脱不羁的气质，傲视独立的人格，易于触动而又易于爆发的强烈情感，形成了李白诗抒情方式的鲜明特点。他的感情一旦兴发，就会毫无节制地奔涌而出，宛若天际的狂飙和喷发的火山。他的作品想象奇特，常有异乎寻常的衔接，随情思流动而变化万端。

李白对后世的影响深远。诗歌方面的贡献自不用说，他创作出的作品无人能及，至今人们都在赞颂他，都在读他的诗背他的诗，真的是经得起时间的考验和岁月的过滤，真正的经典应该就是这样吧！在中国古代封建社会，个体人格意识往往会受到正统思想的压抑，李白狂放不受约束的纯真的个性风采，无疑有着巨大的魅力。他诗歌中豪放飘逸的风格、变幻莫测的想象、清水芙蓉的美，对后来的诗人都有很大的吸引力，苏轼、陆游等大家，都曾受到他的影响。但他是以才力写诗，凭气质写诗，因而他的诗风是无法复制的。在中国诗歌史上，李白有着不可替代的不朽地位。试想，如果李白没有满腔的抱负，没有对诗歌的狂热，怎么可能千古不朽，被世人所传颂？李白的仙风道骨，并不是天生就有的，而是在以后的学习中慢慢形成的，这是值得我们学习的。

诸葛亮少年时代，师从水镜先生司马徽，学习刻苦，勤于用脑，不但得到了司马徽的赏识，连司马徽的妻子对他也很器重，很喜欢这个勤奋好学、善于用脑子的少年。那时还没有钟表，记时要用日晷，遇到阴雨天没有太阳，时间就不好掌握了。为了记时，司马徽训练公鸡按时鸣叫，办法就是定时喂食。为了学到更多的东西，诸葛亮想让先生把讲课的时间延长一些，但先生总是以鸡鸣叫为准，于是诸葛亮想：若把公鸡鸣叫的时间延长，先生讲课的时间也就延长了。于是他上学时就带些粮食装在口袋里，估计鸡快叫的时候，就喂它一点粮食，鸡吃饱了就不叫了。过了一段时间，司马先生感到奇怪，为什么鸡不按时叫了？经过细心观察，他发现诸葛亮总是在鸡快叫时给鸡喂食。司马先生开始很恼怒，后来却被诸葛亮的好学精神所感动，对他更关心，更器重，对他的教授也就更毫无保留了。而诸葛亮也更勤奋地学习。通过诸葛亮自己的努力，他终于成为一个上知天文、下识地理的饱学之士。

还有著名的儒学大师孔子，他一生勤奋学习，晚年时特别喜欢《易经》。《易经》是很难读懂的，学起来很吃力，可孔子不怕吃苦，反复诵读，直到弄懂为止。因为孔子所处的时代还没有发明纸张，书是用竹简或木简写成的，既笨又重。把许多竹简用皮条编穿在一起，便成了一册书。由于孔子刻苦学习，勤展书简，次数太多了，竟使皮条断了三次。后来，人们便创造出了"韦编三绝"这个成语，以传颂孔子勤奋好学的精神。

颂凿壁借光、悬梁刺股的典故就更不用说了。

再看看近代，数学家华罗庚读书的方法与众不同。他每看一本书，不是一上来就从头至尾地去读，而是对着书本闭目沉思，猜想书中写了些什么。经过一段时间的思考后再打开书读，如果书的内容与自己的猜想一致，他就不再读了；如果与猜想的不同，他就认真地读。华罗庚的这种"猜读法"，不仅节省了读书时间，而且培养了自己的思维能力和想象能力。

　　毛泽东同志虽然很忙，但他总是挤出时间读书，哪怕是分分秒秒，也要用来看书学习。他的中南海故居，简直是书天书地，卧室的书架上、办公桌、饭桌、茶几上，到处都是书，床上除一个人躺卧的位置外，也全都被书占领了。为了读书，毛主席把一切可以利用的时间都用上了。在游泳下水之前活动身体的几分钟里，有时还要看上几句名人的诗词；游泳上来后，他顾不上休息，就又捧起了书本。连上厕所的几分钟时间，他也从不白白地浪费掉。一部重刻宋代淳熙本《昭明文选》和其他一些书刊，就是他利用时间，今天看一点，明天看一点，断断续续看完的。毛主席外出开会或视察工作，常常会带一箱子书。途中列车震荡颠簸，他全然不顾，总是一手拿着放大镜，一手按着书页，阅读不辍。到了外地，同在北京一样，床上、办公桌上、茶几上、饭桌上都摆放着书，一有空闲就看起来。毛主席晚年虽重病在身，仍不忘阅读。他重读了解放前出版的从延安带到北京的一套精装《鲁迅全集》及其他许多书刊。有一次，毛主席发烧到39度多，医生不准他看书。他难过地说："我一辈子爱读书，现在你们不让我看书，叫我躺在这里，整天就是吃饭、睡觉，你们知道我是多么难受啊！"工作人员不得已，只好把拿走的书又放在他身边，他这才高兴地笑了。

　　认真地学，反复地读。毛主席一向反对那种只图快、不讲效果的读书方法，他在读《韩昌黎诗文全集》时，除少数篇章外，都一篇篇仔细琢磨，认真钻研，从词汇、句读、章节到全文意义，不放过任何一个方面。通过反复诵读和吟咏，他能流利地背诵大量唐宋的诗词。《西游记》《红楼梦》《水浒传》《三国演义》等小说，他上小学的时候就看过，到了20世纪60年代又重新看了一遍。他看过的《红楼梦》的不同版本差不多有10种以上。一部《昭明文选》，他上学时读，20世纪50年代读，60年代读，到了70年代还读过好几次。他批注的版本，现存的就有3种。一些马列、哲学方面的书籍，他反复读的遍数就更多了。《联共党史》及李达的《社会学大纲》，他各读了10遍。《共产党宣言》《资本论》《列宁选集》，等等，他都反复研读过，许多章节和段落还做了批注和勾画。不动笔墨不看书，几十年来，毛主席每阅读一本书、一篇文章，都在重要的地方画上圈、杠、点等各种符号，在书眉和空白的地方写上许多批语。

这些家喻户晓的伟人，之所以能被我们牢牢地记在心底，不正是他们对书籍的执着——不管条件多么恶劣，都不放弃阅读、理解、感悟书中的一切——那份可贵的精神吗？其实，一个人读书读得多了，身上自然会带有一股书卷之气，自然而然就会受书本的影响，从而在言谈举止间流露出读书人所特有的气质。一个人见识深广，学识渊博，会由内而外散发一种独特的气质，那是浓妆艳抹抹不出来的，是乔装改扮扮不出来的，它是在优良品德的前提下，一种深沉内涵、闪光的思想，一道璀璨的光芒。

随着科技的不断发展，越来越多的年轻人沉迷在电子产品中，而忽略了从读书中获得乐趣。要知道，满腹经纶，可以使思想得到净化，精神得以升华。就让我们走出电子的世界，回到书本的怀抱吧！

微微一笑为倾城

微笑总能给人如沐春风的美好感受，它能够传达心灵的真诚和友善。微笑同时拥有强大的感染力，能够让周围的人也变得快乐起来。微笑就像是一份珍贵的礼物，而且不需要花费一分一毛。

微笑有时候也是一种人生态度。生活不会一帆风顺，在逆境中也要笑对生活，不放弃希望。大家还记得电视剧《微笑百事达》里的那个乌龟妹吗？女主角常常挂在嘴边的乐观微笑的确能打动人心，她坚信只要微笑，没什么事情解决不了。很简单的信念却是人生的真谛。

重点高中里面藏着很多奇葩，比如说那个天天看见他在外面转悠，却能在表彰大会里听见名字的某同学；比如说逢考必是第一，但没得到过任何表彰的某同学；也比如说态度傲慢、处理不好人际关系还深得班主任厚爱的孟凡同学。对于爱恨分明、深明大义的班长夏小薇来说，跟数学课代表孟凡打交道实在是难为人。

夏小薇作为班长，为了更好地管理班级，她第一步便是搞好同学关系，大家都很配合，大体上还让他满意，但班上却有个油盐不进、软硬不吃的家伙——孟凡，总是和班上的同学相处不好关系。

"孟凡，今天班主任老师布置的数学作业你抄了没？"夏小薇再三斟酌下，决定拿公事打开话匣子，任他再不通人情，也不会不理会的。"嗯。"孟凡只看了她一眼后便不作声。于是夏小薇开始没话找话："那就麻烦你在黑板上写一下，我担心有人不知道……昨晚的'快乐大本营'你看了没，特别好玩，今天大家都在谈论……"乱七八糟说了一大堆，可孟凡脸上依旧毫无表情，夏小薇觉得被一盆冷水从头淋到尾，悻悻地走开了。但夏小薇并没有就此轻言放弃。某天她在上学的路上遇到了孟凡。夏小薇努力堆起万分灿烂的笑容同孟凡打招呼，孟凡闻声回过头看了她几秒钟，点了点头，继续走他的路，丝毫等等她的意思都没有，夏小薇一下子就蔫了。类似的事情发生了好几次，让夏小薇觉得孟凡比外星人还要难沟通，比野蛮人还没有礼貌，窝了一肚子火，越看他越来气。

孟凡的数学成绩非常好，再加上班主任的厚爱，他的这种冷漠的行事作风被大家看成了嚣张。有段时间，为了提高班级的数学成绩，班主任又没时间补课，就让孟凡利用自习时间担任老师的角色给大家讲题。本来就有一大堆人看他不顺眼，过程自然不可能顺风顺水，遇到同学刁难，他也不忍让，该反击就反击，这让他与班上同学的关系更加紧张。由于之前的事，夏小薇也不待见孟凡，看到孟凡与班上同学起冲突的时候，她也没去劝说。不过命运是个捉摸不透的玩意儿，夏小薇没有想到后来会和孟凡成为好朋友。

夏小薇最近经朋友介绍认识了文科班的邵琪，两人一见如故，很快便成了无话不说的死党。周末放假一起逛街，姐妹二人分享着各自班级里新鲜好玩的事。夏小薇对邵琪说起了孟凡的种种事迹，并表示班上的人都不太喜欢他。邵琪听了之后说道："你说的那个孟凡我认识呢，他是我的初中同学，不过没有你说得这么夸张啊，他对人很随和，我们在学校里碰到还会说上几句。""我对他不了解，他总是一副拒人于千里之外的样子，班级里没人喜欢他，我还真难以想象他会是个随和的人。"邵琪笑道："下个星期我们初中同学聚会，你也一起来吧。"夏小薇喜欢凑热闹，满口答应了。

聚会当天，夏小薇进包厢的时候孟凡正在和朋友打闹，看到对方时两个人都愣了一下，孟凡没想到会在这里碰见她，而夏小薇见平时对人冷漠、被全班孤立的某个人现在和别人相处得这么开心，觉得有点惊讶。在这次聚会中，夏小薇和孟凡彼此间变得热络起来，也因此成为了朋友，二人还挺合拍。回想起来，只能说有心栽花花不开，无心插柳柳成荫。既然是朋友，夏小薇不忍心看着他受到排挤，当面自己不好说，就决定在QQ上跟他谈一下，结果真的找到了症结所在。孟凡家乡那边的方言和县城里的相差很大，他从小到大没接触过这边的方言，很多时候他根本就听不懂大家在说什么，不像其他人来到这里能应付自如。他不好意思把这事说出去，所以只好不回答，表情也就淡淡的，不明情况的人自然会觉得他傲慢无礼。找到原因后，夏小薇对孟凡说："看来，也不能全怪你，不过你至少给个反应啊，让别人觉得你把他们的话放在心里，受到了你的尊重，也不至于不待见你了。""那我该怎么做？""这样吧，如果你听不懂，你就笑一下，看到别人跟你打招呼你也笑一下，你平时都不笑，白长两个可爱的酒窝了。""行，听你的，我明天试试吧，不知道有没有效。"

　　之后孟凡就真的照着夏小薇的建议去做，常常把笑容挂在嘴边，这样的改变也被大家看在眼里，都说孟凡没有之前那么冷漠了，虽然他依旧是不怎么说话，但是变得亲切真诚。慢慢地冰川融化了，他已经能够和全班同学打成一片，不靠别的，就靠一张见谁都展露笑颜的脸。这是夏小薇生命中第一次感受到微笑的力量，不得不赞叹它的强大，能化干戈为玉帛，扭转局势，力挽狂澜，一个简单的动作却有神奇的魔法，甚至可以改变人的际遇。

　　邵琪同夏小薇讲了这样一件事，邵琪被选为她所在的文科班的"班花"，虽然从外表上来看，另外一个女孩比她要漂亮得多，身材比她好，但是那个女孩子经常一副冷酷的模样。而邵琪性格活泼开朗，喜欢用笑容交朋友，以真心换真心，在人们看来微笑赋予她的美好气质已经远远超过她外表带来的美丽，更符合大家对"班花"的定义。因为美不只是外表，更是由内而外的气质，相由心生，心灵美，气质则出众。

　　要做美丽的女孩子，微笑是最好的明信片，经常微笑不仅能给人好感，还能让人与人之间更好地沟通，传递着信任和友好。同时微笑也是一种心理暗示，周围的一切都是美好的，值得我们毫无保留地用最美的笑容去面对它们。"北方有佳人，遗世而独立。一笑倾人城，再笑倾人国。"若没有这微微一笑，只怕她要永远遗世独立，不被世人发现了。生活就是一面镜子，如果你对它微笑，它也会对你微笑。我们要对所有爱美的女孩子说，世界因微笑而美好，微笑永远是最美的妆容，今天你给自己补妆了吗？

多才多艺，富有艺术气质

艺术源于生活却又高于生活，艺术气质则仿佛是从泼墨山水画卷中走出的谪仙，又似闯进花田溪下，无意之中撞见的花神。富有艺术气息的女孩子总能给人淡泊宁静、独特清新的印象，如莲花般身处俗世中"出淤泥而不染"，亭亭玉立在天地间。

在经历高考后，初入大学的大一新生心情无不是欢欣雀跃的，跨过高考的独木桥，功成名就，忆往昔岁月感慨万千。被高考束缚囚禁了十多年的心，现在终于可以呼吸到外面的新鲜空气，接触曾经想都不敢想的事物。但是已经结束了大一生活的小静却这样概括入学一年的生活状况：成绩单上的排名已然渐渐淡化出学生的生活，取而代之的是繁冗琐碎的事物、错综复杂的人际关系，必修课选逃，选修课必逃……

兴趣爱好、音乐小说、电脑电视从上初中开始就被丢进犄角旮旯儿里，朝夕相处的是课本、黑板，还有老师殷切的脸。唯一可以参与的应试教育却披着素质教育的外衣，娱乐活动无非是元旦和校庆晚会。但是在枯燥无味的求学生活中，它们足以令一些人兴奋，比如说小静的"铁哥们"阿浩。阿浩自封"舞痴"，自从进了高中，他成绩跌入低谷但是舞技日趋成熟。这样的人除了在舞台上大放光彩，平日里都是老师"嫌弃"的对象，好在他有积极乐观不怕打压的小强精神。小静一直记得那天中午，为了学校少得可怜的文体活动，阿浩带着朋友们在图书馆空置的一层挥汗如雨、苦练街舞的情形。街舞的火辣热情也感染了小静，仿佛要把她融化了。她想加入其中，但想想高考的压力，为了得到大学录取通知书，她还是放弃了。现实条件不允许，夹缝中生存的小树太艰苦，老师严厉的目光她承受不起。虽然很无奈，不过大学录取通知书飞入手中时，相比阿浩选择复读的无可奈何，她觉得一切都是值得的。这样的庆幸只维持了短短几个月。进入大学后，小静看到了许多多才多艺的人，她深刻意识到只会学习的人在大学过得会很苍白。有人把小品演绎得令人捧腹大笑；有人能够笛箫合奏，优美音乐如高山流水，引人入胜；也有人劲歌热舞嗨遍全场。各种才艺，百花齐放，一手好厨艺、一块宣传板都能受到大家的追捧，但是小静什么都不会，她只是个看客，不禁有点怅然若失。一个什么都不会的旁观者，大学生活因为没有才艺显得有些黯然失色，就像一杯平淡无奇的白开水，一包没有调料的方便面。

小静觉得自己和舞者非常有缘，无论是曾经的阿浩还是现在的巧儿。巧儿算是小静班上的领军人物，拥有出众的外表，身材高挑、肢体柔软、迷人的大眼睛、时尚的发型、个性的着装，还有精湛的舞技。大学的活动多得数不过来，大家几乎总能在大大小小的晚会上看见她的身影，惊喜又羡慕。在她的煽动和鼓舞下，同寝室的女生除了谈恋爱的都打算大二的时候去学舞蹈，既能减肥，还能在台上秀一秀，丰富生活。小静嘴上不说，心里还是很敬佩巧儿的，不知是不是因为跳舞而经常运动的原因，小静从看见巧儿的第一眼，就能感受到她绽放出的活力和蓬勃的朝气，那是属于舞者的独特气质，她从阿浩身上看到过，一如既往地感染人。

小静寝室对门的欣儿是大一级的学姐，小提琴过了八级，实力超群，一举拿下艺术团乐器组组长之位，属于正儿八经的小艺术家。难怪这位学姐看起来也与众不同，优雅灵动，不流于俗。所以说，学什么乐器，那个人的气质也会慢慢被它同化。受过艺术熏陶的人，都是多情而感性、浪漫而超脱的，他们能够从内而外地散发与众不同的气质。用细腻的感情感受音乐，触摸生活中的点点滴滴。

父母给予我们身体，却不能创造出气质，艺术气质是靠后天培养出来的，父母的言传身教，对周围人的耳濡目染，都能为艺术气质创造有利的条件。感情是艺术的灵魂，每个人都有感情，有作为人最基本的七情。而对于后天的性格，比如说热爱生活、关爱生命、敬畏自然、热爱一切美好事物，我们正处于发展定性时期的青少年，更应该有意识地去培养。感情丰富，则容易多愁善感，有艺术气质的人内心感情丰富柔软，不经意间就能掀起他们心里的波澜，触动纤细的神经，或者浮想联翩，看起来不相干的两件事都能引起他们同样的情感波动，这在美学上叫移情作用。有艺术气息的人有着不同寻常的感悟力，他们不仅仅用皮肤去感受天气的变化，不仅仅用眼睛看窗外的花鸟虫鱼，不仅仅用耳朵聆听音符乐章，他们更加善于用心去发现美，而一般人认为大众平庸的事物，他们也能从中发现美，感悟真谛。

在现实生活中，人们眼里看到的是事物的功利价值，如果市场上售卖一头牛，商人看到的是牛皮的经济价值，厨师看到的是一盘盘鲜美多汁的牛排，农民在乎的是牛的身体是否年轻健壮，能不能用来耕田犁地减轻劳动量，艺术家却是用审美的眼光看待这头牛，皮肤多么光滑油亮，色泽多有美感，肌肉发达充满力量的美让人震撼，联想到牛的默默奉献、忍辱负重又是那么令人感动。生活不缺乏美，缺乏的是发现美的眼睛，追求艺术的人，浪漫多情，以他们的天分魔术般地将眼里的世界变得极尽美好。

整容或者减肥药，不得不说是为女孩子量身定做的发明。当我们挖空心思向标准化的美人帮进军时，才发现从起点到终点全都如克隆般挤满了相似的身影。个性，是女孩子的名片，正如一位名女人所言："美女很多，才女也很多，但是这个世界上，只有一个我。"个性，是女孩子最好的名片。地球上绿树林立，可是每一片叶子都不同，拥有属于它们独一无二的形状、颜色、脉络。无论我们扮演哪一种角色，处于哪一个年龄段，外表是美是丑，都能展现出一份独特的气质和修养。怎样才是一个有艺术气质的人？一个女孩如果能在生活细节里自然地展示内在的个性，她就是艺术的。我们可以选择与艺术相关的事情，潜移默化成同类人，或者与艺术家做朋友，他们会让你看到更多的真实世界和精神世界，让你获得灵感，变得更善于思考，更热爱生活。除了昂贵的化妆品、量身定做的服饰、相得益彰的发型等，任何时候装扮都是必需的，艺术气质最需要的还是人格的装点滋养。犹如优质的红酒需要时间来沉淀，仿佛也是人一生都念不完的书，听不完的课，它让女人努力使自己更成熟更有涵养，从而更有魅力。要具备这种魅力，不仅要善良、独立、自信、脱俗、有理想、热爱学习、有良好的艺术哲学和文学修养，还要眼光独到，适时地沉默寡言，妙语连珠，有深度的女人才会有艺术的神秘感。

以人为镜可以知得失，见贤思齐，常常反省自己的不足之处，及时打补丁，有气质的女孩子必定就是你。富有艺术气质不等同于博学，书呆子给人的感觉除了呆板就是枯燥无味，所以良好的生活情趣很重要，一定要经常去看画展和听歌剧等。艺术和文学有净化心灵、提升气质、丰富内心的作用。当我们听到歌剧《茉莉花》的咏叹调时，内心会因感动而流泪；看到梵高的《向日葵》时，那大胆肆意的张力、华丽的光泽、坚实有力的触感会激发我们内心的热情。艺术能挖掘出人性最真实的感情，并能够表现出感动着周围的生灵，这就是艺术的无量价值和难能可贵之处。

有艺术气质的女孩子懂得为自己增值保养。生命在于运动，每天适当做运动，流汗排毒，能保持健美的身材。饮食健康节制，作息规律合理自然。人生短暂只是沧海一粟，外表的美丽终会荼蘼凋谢，女孩子的魅力在于内外兼修，美是一刹那的风情，内在的深度让气质和魅力像活水一样源源不绝，历久弥新。

　　你曾经买了一件很喜欢很漂亮的衣服舍不得穿，小心翼翼地把它供奉在衣柜的正中央，时令已过，我们错过了它的季节，等到下次再打开柜门的时候，发现它已经过时了。你也曾买过一块外形可爱漂亮的小点心，舍不得吃掉它便放在冰箱里，许久之后再看见它时，它已经失去了美味的口感和诱人的香气，就这样与它错过。我们曾有许多想要完成的事，但是因为没有去执行，任它过了保质期，成了遗憾。我们没有在最充满热情的时候去做它，一如那件衣柜里的新衣，一如那块过期的点心。过去的十年芳华无法追究，但是从现在开始努力修炼，唯才是学，让自己变成更有知识、更有魅力的女生，未来一定会变得不一样。

多幽默，多魅力

　　"幽默"由英文单词"humour"音译过来，而"humour"一词来源于拉丁语"humor"，本义为"体液"。古希腊医生希波克拉底经过研究发现，人体体液中含有血液、黏液、黄胆汁、黑胆汁，它们组成比例的不同形成了不同类型的性格气质，而英文单词的原意是指这4种比例所形成的思想、气质、脾气、习惯倾向、情绪。这一词传到中国时，林语堂先生将其翻译为"幽默"。中国流传下来的文化从不缺乏幽默，但是中国人并不像西方人那样重视它，因为传统文化更多的是教导人们"君子不威不重"，并认为这种油嘴滑舌的腔调难登大雅之堂。但事实上，幽默是艺术、知识、正能量的化身。英国著名文学家培根认为：善言者必善幽默。风趣幽默的谈吐，往往会使人成为全场的焦点，并吸引着每一个人的目光。在日常生活中，在人际交往中，幽默往往起着举足轻重的作用。

首先，幽默让拒绝不伤感情。

没有人喜欢被人拒绝，因为它意味着否定，是交情深浅的标志，因此拒绝是一件很伤感情的事情。所以，拒绝的话怎么说十分关键。直接拒绝很可能是友情催命符，坦白难言之隐难免会煞风景，还会令对方难堪。而以幽默的方法含蓄委婉地拒绝，可以在引人发笑的同时，照顾到对方的面子和感情，使拒绝更容易被接受，是拒绝他人的神兵利器。

《围城》的作者钱钟书先生一生淡泊名利，将全身心投入于文学创作中。有一天他接到一位美国女士的电话，对方表示是他的书迷，希望能与钱钟书先生见面，一睹钱先生的风采。钱钟书先生回答道："如果你吃了一个鸡蛋觉得还不错的话，你又何必去亲眼看看生出它的老母鸡长什么样呢？"钱先生以生动形象的比喻、幽默别致的语言拒绝了那位美国女士的请求，同时也维护了她的尊严，为自己避免了不必要的麻烦。

我们知道军事信息是国家的核心机密，不能向任何人透露哪怕一丝的信息。美国总统罗斯福曾在海军部担任要职，一次他的好朋友无意中向他问起海军在加勒比海一个小岛上建立潜艇基地的事，这是军事机密，他怎么能随便透露给别人？罗斯福见四周没人，低声道："你能保密吗？"朋友斩钉截铁地答道："当然能。"罗斯福满意地笑着说："那么，我也能。"罗斯福用这种幽默机智的方法拒绝了朋友，不但避免了引起朋友不高兴的麻烦，更赢得了朋友的尊敬，也让朋友意识到自己的问题很唐突，真是一举多得。

意大利歌剧作曲家罗西尼1792年2月29日出生于意大利的佩罗萨，而2月29日每4年才有一次，所以到他72岁时，他才过了18个生日。由于他的生日非常难得，所以朋友们想在他过生日时给他一个大惊喜——一座纪念碑。罗西尼听后笑道："与其浪费钱财不如把这笔钱送给我，让我站在那儿，比纪念碑更加惟妙惟肖。"朋友的一番好意是不好拒绝的，所以罗西尼提出了一个不合理的想法，以此提醒朋友不该铺张奢侈，从而委婉地拒绝了朋友。

其次，幽默是尴尬的润滑剂。

窘境如同悬崖峭壁，踏前一步会掉入万丈深渊，却也无路可退。面对窘境，一句幽默的话，就像一双美丽的翅膀，可以把我们带出这进退维谷的窘境。

俄国文学家契诃夫说过："不懂得开玩笑的人，是没有希望的人。"我们每个人都会遭遇尴尬，聪明的人会以巧妙的方法为自己解围，扭转局势；愚蠢的人只能站在原地祈祷神明的仗义相救，但这不过是自欺欺人罢了。

马克·吐温是美国幽默大师、小说家和著名演说家，擅长讽刺幽默，为人机智，还擅长洞察和剖析社会百态。即使是这样的大师，也难以避免窘境。一次马克·吐温在乘车时弄丢了自己的车票，列车员见他翻遍整个口袋都没有车票的踪影，便说："没关系，如果实在找不到车票，补一张就行。""说得轻巧，如果我找不到那张该死的车票，我怎么知道我要去哪儿呢？"马克·吐温说道。马克·吐温用这样幽默机智的回答，既使自己摆脱了被误会逃票的窘境，又活跃了尴尬的气氛，真不愧是语言大师。

尴尬对于女人来说是避之唯恐不及的。有这样一个故事，说某著名歌手参加了一个露天晚会，她在走上舞台时不慎被台阶绊倒。但是在台下的是无丑闻不欢的记者，还有奉她为女神的粉丝们，如果就这样站起来，她可以装作什么都没发生，但是别人不会，一定会以此事大做文章。为了挽回形象，她急中生智道："看来这个舞台不是一般人说来就能来的，门槛太高了。"这样一句幽默的话，不禁逗乐了台下的广大粉丝和等着看她笑话的记者，使得尴尬在笑声中冰释，而这位歌手更是保持了偶像的风度。由此可见幽默的重要性。

幽默的人不仅能为自己化解窘境，还能对他人伸出援助之手。某天英国上院议员基尔发表演讲，接近尾声时，突然一个人的椅子腿断了，那个人在众目睽睽之下跌落在地，真是丢脸丢到姥姥家了。面对这个突发的尴尬情况，基尔机智地说道："各位现在可以相信，我提出的理由是足以压倒人的了吧！"短短一句话就将听众的注意力重新引到了自己身上，并帮助那个倒霉的人从尴尬中脱身，重新找了一个座位坐下来，继续听演讲。

在生活中，有些尴尬、窘境是某些人故意制造的，他们以使他人陷入尴尬为乐。面对这种情况，幽默会是最有力的回击。《三毛流浪记》中就有一个用幽默回击恶意制造尴尬的笑话：阔太太领着宠物哈巴狗逛街，看见衣衫褴褛的三毛，就想寻个乐子，于是把他招过来说："你只要对我的狗喊一声'爸爸'，我就赏你一块大洋。"这么过分的事情，三毛就算再穷也不能答应。但是三毛想了想说："好啊，那我要是喊10声呢？"阔太太反正不缺钱，叫10声岂不更好玩？她不假思索道："当然是给你10个大洋了。"三毛听后轻轻抚摸着狗，恭恭敬敬地喊了声："爸！"阔太太一脸小人得志的样子笑了一阵，接着三毛连喊了10声，阔太太十分满意地给了他11块大洋。这时，围观看热闹的人已经很多了，三毛收好大洋后，对着阔太太点了点头，故意提高嗓门，用同样的口吻大喊道："谢谢，妈！"围观的人闻言哄堂大笑，阔太太灰溜溜地逃开了。这就是幽默的力量，面对他人的故意诋毁谩骂，施以幽默的言语，不但可以有力地反击对方，还能最大限度地保全自己。

无独有偶，加拿大外交官斯雀特·朗宁在竞选省议员时，反对派故意拿他出生于中国襄樊的身世对他进行抨击："你是喝中国人的奶水长大的，你身上一定有中国的血统，没有资格参选议员。"面对反对派的无理抨击，朗宁沉声道："你们是喝牛奶长大的，你们的身上是不是也一定有着牛的血统？"反对派顿时哑口无声。朗宁的勇敢机智、敏锐果断给大家留下了良好的印象，认为他将成为一个出色的议员，因此他赢得了大选。

传统观念认为，男人更懂幽默，更具有幽默感。这是因为男人的社交圈往往大于女人，有更多的机会增长见闻与智慧，从而更具幽默感。而女人的生活范围较小，接触范围较窄，眼见较低，因而往往缺乏幽默感。

但美国斯坦福大学医学院教授阿兰·赖斯设计的实验却证明事实恰恰相反。他们随机挑选了20个人，男女各10人。阿兰·赖斯让他们同时看70部幽默卡通，并用仪器检验他们大脑的活跃程度。结果是，男性和女性的大脑对幽默的反应大致相同，相对来说，女性大脑对外来刺激的反应更加活跃，也就是说女人比男人更懂幽默。幽默是女性与生俱来的天赋，适时地展现幽默不仅不会显得轻浮滑稽，更是女性展现智慧、涵养、魅力的有效方式。

对于女性来说，最能妨碍她们拥有幽默的是怨天尤人，这也是一种人格缺陷。我们都知道，"怨妇"是世界上最丑的女人，朋友和家人对其只会敬而远之，因为没有人愿意成天对着一张消极的面孔。因此，女性要想拥有幽默感，就应该努力做到不气急败坏，不偏执极端，不斤斤计较，体谅他人的错失，豁达开朗，笑对不幸，像芍药花一样落落大方。

幽默感对于优秀的人来说十分重要，是值得他们追求的气质，是一切奋发向上的动力。美国传奇将领麦克阿瑟在为儿子写祈祷文时，特意向上帝祈求了一样特殊的礼物——赐予儿子"充分的幽默感"。

幽默是如此重要，我们应努力保持幽默感。但是，我们也应该认识到，幽默不是小丑般的哗众取宠，不是逞口舌之快的伶牙俐齿，那只是"耍嘴皮子"而已，并不是幽默。低俗的幽默只会降低我们的身价。幽默是人生智慧和阅历积累的一种外在表现，应是我们思想深度的一种表现，能够提升我们的品位，增添生活情趣。因此，想要拥有幽默感，保持幽默感，我们应努力充实自己，使自己成为一个有智慧、阅历丰富、思想深邃的人。

自信的女孩有魅力

脸上常挂着优雅淡定的笑容，让人觉得她们像初春破土而出的嫩芽，充满了活力和战斗力；不卑不亢、落落大方的谈吐，让人觉得她们像一泓清泉，纯净天然；阔步向前，风韵不减的步伐，让人觉得她们是一股蓄势待发、跃跃欲试的正能量，随时会给这个世界带来别样的惊喜。这群充满魅力的女孩都有一个共同的标签——自信。

1.自信的女孩相信爱

贝贝生长在一个单亲家庭，从小母亲就告诉她，父亲生前是多么疼爱她。

母亲告诉她："你还未出生时，你父亲白天在公司上班，晚上回家还给杂志社赶稿，就是希望你可以无忧无虑地长大。"

母亲说："你小时候身体不好，晚上经常发烧，你父亲在医院里整夜守着你，眼睛都不敢眨一下。"

母亲说："那次发生泥石流出车祸时，你父亲一只手把你紧紧抱在怀中，另一只手撑着被石头压着的车顶坚持了两个多小时。当救援人员赶来时，你安然无恙，你父亲却倒下了。"

母亲总爱把这些关于父亲的事念叨给贝贝听，贝贝也经常被母亲的情绪感染，心里总是被父亲的爱充盈着，就像夏日郁郁葱葱的植物，内心丰盛而富饶。因此，她一直乐观而自信，身上并没有单亲家庭带来的阴霾。

贝贝的母亲在一个山区小学里教书，但是她的母亲并没有教师编制，母女俩的日子过得很拮据。可是，每到紧要关头，母亲都如变戏法一般拿出急需的钱。不过，母亲总是很小心，从来不说这些钱是哪里来的。贝贝也很懂事，从来不问。

转眼间，贝贝读高三了。一个周日的下午，她的心情有些莫名的烦躁，便独自来到街头的咖啡厅，在一个僻静的角落坐下来。

她抬头漫无目的地看着街上来来往往的人，突然她看见母亲正和一个中年男子在不咸不淡地交谈着。或许，那个男人只是母亲的朋友，这样想着，贝贝便径直向他们走过去打招呼。

可是，当贝贝的目光落在那个男人身上时，笑容顿时僵住了。母亲盯着他们，眼神是如此不安和惊恐，掩饰不住的悲哀之色从已不年轻的脸上流露出来。

那个男人有着与父亲酷似的脸庞，那是贝贝夜夜思念，看着相片入眠的脸啊！虽然，风华不比当年，但神色不差分毫。他刚毅的轮廓、深邃坚忍的眼神，都是那个逝去了十几年的父亲拥有的。看着母亲的眼神和汹涌而下的泪水，贝贝已经猜出了这个人是谁。

原来，父亲多年前抛弃了还挺着大肚子的母亲，以及那个还未来到世上的小生命。后来，良心发现的父亲请求母亲原谅，并每个月承担一些抚养费用，而母亲会时不时地给他提供一些贝贝的信息，但父亲绝不会干扰她们母女俩的生活。

贝贝坦然地接受了这个事实。虽然，她还只是一个未长大的孩子，但她已经知道了母亲的伟大。母亲用虚拟的爱为贝贝构造了完整的人格，在自己感情受挫后，竭力掩饰自己绝望晦暗的心情，为女儿建立起了自信，以及遇事从容、游刃有余地解决问题的能力。

这个世界上的每个女孩都是一朵花，她们可以是艳压群芳的牡丹，可以是清冽孤独的水仙，可以是漫山遍野的野花……无论，你是一朵怎样的花，你都应该爱自己，相信自己是独一无二的，是值得被爱、被欣赏、被认可的。在他人不认可、不接受和不爱自己时，我们要学着感受爱，用来充斥瘪塌的自信，为自己撑起一片广阔的蓝天。

2.自信的女孩不迷茫

在我们年少时，我们是矛，生活是盾，无论我们如何横冲直撞，生活总会宽宥我们的无知与狂妄；当我们长大后才发现，生活的本来面目是矛，一次次地冲击着我们选择的人生方向。自信的女孩是一道明媚但不刺眼的阳光，她们不会因为生活中的困难、挫折而迷茫，而是沿着已经选择的道路，勇往直前，以自信为马，执仗天涯。

萱萱初中毕业时没考上当地最好的高中，这对于努力学习的她来说无疑是一个很大的打击，以至于小敏在路上看见萱萱时都不敢主动和萱萱打招呼，怕刺激到萱萱。因为在班里是无名小卒的小敏以高分考入了最好的高中，而成绩数一数二的萱萱却名落孙山。

然而，刚走了两步，小敏就听到萱萱喊自己，萱萱的声音穿越拥挤的人群直达小敏的耳膜。小敏扭过头看向萱萱时，对上萱萱明亮的笑容。

很快萱萱便走到了小敏面前，小敏看着萱萱的笑容，一时间竟不知道该说些什么。这时，萱萱首先开口了，她对小敏说："你要再接再厉啊，我马上就会赶上你们的。"说完，萱萱俏皮地一笑。萱萱告诉小敏，她已经报考了技校，她说："我不能放弃希望，我相信我能走得更远的。"听到萱萱这么说，小敏很高兴，并对萱萱说："我就知道，你不会消沉的，你一定会积极向上的。"

小敏知道萱萱是个非常自信的女孩。曾经她们班要挑选一人参加学校的演讲比赛，班上的人几乎都没有经验，所以没有人报名，但是在比赛前的那个晚上，萱萱突然对老师说要参加比赛。当时，萱萱就对小敏说："我相信自己。虽然只有一个晚上时间做准备，但是我相信自己是可以的。"第二天，萱萱精彩地完成了演讲，后来还进入了市级的演讲比赛。所以，对于萱萱能够这样积极乐观，小敏一点儿都不感到诧异。

　　小敏再见到萱萱时，已经是4年以后了。萱萱在经历了一边进修一边打工的两年时间后进了一家国企，拿着令人艳羡的工资。这时，萱萱仍是积极乐观的，她说："我要辞职，继续读书，我相信我能有更好的人生。"

　　人在遇到挫折时，很容易一蹶不振、抱怨失望、悲观彷徨，容易迷失方向。但，如果我们拥有足够强的自信，笑看人生，那么我们的路自然会越走越宽。

　　3.自信是女孩最美的婚纱

　　古时有一女子，名婉儿，自幼目盲，姿色中等，家徒四壁。到了该出嫁的年龄时，她更是日日以泪洗面，觉得自己拖累了父母，心里很是自愧。她的父母年事已高，看见女儿悲伤流泪，也是干着急而没有办法。有一天，突然有人上门求亲，听媒婆讲，对方是一个翩翩美少年，而且男方掷金百两把女方房宅修葺一新。

　　婉儿拒绝了，不是她不动心，而是怕辜负对方。

　　可是，接二连三地有与第一个条件差不多的公子上门求亲，婉儿都是婉言拒绝了。婉儿问媒婆，为何他们会看上自己？媒婆笑着说："姑娘生得美，哪个公子不是恨不能将你占为己有？"

　　闻此，婉儿也逐渐开朗起来，甚至开始找老师教自己诗词歌赋。等到婉儿能够为学生讲书时，求亲的人越来越多。她决定同意一门亲事。

　　可是，婉儿没有钱做一件华美的嫁衣，她觉得自己应该有一件独一无二的嫁衣来衬托自己的美。可是，当地没有男方为新娘做嫁衣的风俗，为此，婉儿痛苦不堪。

过了几天，婉儿的姐姐拿回来一件嫁衣并告诉她，这是她一个朋友开布匹店抵债的上等绸缎，婉儿虽知道姐姐家并不宽裕，但拥有绮丽绰约嫁衣的兴奋之情很快掩盖了自己的疑虑。

大婚之日，婉儿高兴地款款走出家门，走入喜轿，然后为人妻为人母，生活愉悦，幸福终老。

其实上门求亲的媒婆都是婉儿的姐姐找来的，她了解妹妹的症结在哪儿。后来的婚纱也并非姐姐说的那样，只不过是市场上普通的绸缎。可是，这些都无所谓了，出嫁时婉儿已经拥有了自信，这份自信完全能支持她快乐地过完今后的生活。

《小时代》刚刚上映时，人们感叹顾里每一场戏都霸气十足，完全掩盖了其他角色的光环。但是顾里霸气十足是有道理的，顾里相较于其他3个女孩子，更加自信，这使得她在感情方面敢爱敢恨，在处理事情方面果断有效率，在与人相处时既不怯懦，也不傲人，独立自强的新时代女性魅力在顾里身上展现无遗。可见，自信让顾里这个角色的人格更加饱满。

4.自信是一种力量

在张小娴的文章中，女子要么妖冶冷艳，要么清凉如荷，但不论哪种类型的女子，都透着强烈的自信。这种感觉就像一棵遒劲的松在清晨露珠的氤氲下，蕴着青春的活力。

自信是势不可当的能量。

自信是昂扬奋斗的姿态，是青春不朽的证明。

亲爱的女孩们，你们拥有了这一品质吗？

何谓魅力

　　魅力，是一杯清香的龙井，淡淡的，让人经久享受；魅力，是一阵清爽的微风，匆匆而过，却让人回味无穷；魅力，是一本精致的名著，内外兼备，让人静默思考。一个具有魅力的人，一定是内有涵养外有礼貌的，一定是美丽而睿智的，一定是自信和大方的。

　　在心理学上，魅力是一个人从内到外散发出来的一种社会性表现，特别表现在待人接物、行为举止等方面。魅力具有一定的稳定性，不会随着环境的不同而变化。

　　"蒹葭苍苍，白露为霜。所谓伊人，在水一方。"无论是哪一位女子，都有望穿秋水等待她的那个良人，为她的魅力所臣服。魅力是从内心向外散发出的气场，是一个人所具有的感染力，包括他的言谈举止、神态气色和穿着打扮等方面。芸芸众生如沧海一粟，看似平淡无奇，但是每个人的性格却不一样，散发出来的魅力也就不同。没有一模一样的两个人，也没有形态、颜色、脉络完全一样的两片叶子。世间万物都有它的魅力，我们不能复制，不然只会是邯郸学步。西施有闭月羞花、沉鱼落雁之貌，即使抚心蹙眉，也是弱柳扶风般娇弱柔美，可是如果东施效颦，招来的只会是嘲讽。我们要打造一套属于自己的盔甲，不是最美，但是你拥有了，便能让你成为最耀眼的星星。李清照也许没有倾国倾城的绝代风姿，但是她有百转千回、令人柔肠寸断的千古绝唱《如梦令》；黄月英外貌不佳人尽皆知，但是她成就了使刘备纡尊降贵、三顾茅庐的诸葛亮，而她的贤淑温婉被世人传颂至今。每一位女性同胞都有她的亮点，就像宝藏，我们要做的就是意识到它，并发现它。

　　不同年龄段的人各有自己独特的魅力。小女孩是家里疼爱的小公主，被爸爸妈妈捧在手掌心，在父母的羽翼编织的世界里，仿佛拥有了全世界的宠爱和关注。她们躺在象牙塔里幻想着外面的多姿多彩和糖果的甜蜜。小萝莉情感丰富，心思单纯如白纸，调皮而无知无畏。当她们长大了，明白了忧愁的滋味，学会吟唱忧伤，会被挫折打败，心里的太阳会不时地躲在乌云后面，直到下了一场大雨才会慢慢雨过天晴。这时微微一笑，负面情绪一扫而光，她又是那个活力向上的青春美少女，古灵精怪的活宝。再后来，生活的现实不断地在挑战我们的忍耐力，一次又一次受伤，一次又一次跌倒，每一次爬起后，心中的信念会更加坚定，身上的棱角会越磨越平滑，伤口愈合后，我们的思想层次提升到了更高的层次，成为了成熟内敛、优雅自信的淑女，不再是那个冒冒失失的黄毛丫头。恋爱嫁人后，我们身上的责任也就更重了，任性变成了矫情，每天为生活而打拼，我们深谙社会生存之道，把生活的重心放在了工作和家庭方面，读过的书厚积薄发，潜移默化中提高了品位，经受了风霜的历练和社会的沉浮后。我们告别了稚嫩和青春，人如菊花淡然安宁，气定神和，眉宇间却透露着神秘的思绪。随着年龄的增长，我们沉淀的底蕴慢慢变得深厚，品位和思想也随之变化着，我们总是在不停地寻找着最合适的造型，能完整地衬托出个人魅力。

魅力分为人格魅力和外在魅力。

人格魅力即是内涵的深度，一句话，一个眼神，不经意间都能反映出一个人的内在魅力，我们的品性和修养时时刻刻都被他人所关注着。和品德高尚的人相处，如幽兰入室，令人心旷神怡，如沐三月春风，这是一种享受，它是任何顶级香水都无可代替的，所以德智兼备的女子，人人趋之若鹜。读书是培养个人魅力最直接也是最有效的途径。书本是前人智慧的结晶，思想的浓缩，里面包罗万象，只有站在前人的肩膀上，我们才能站得更高，看得更远。当今社会，书本的内容良莠不齐，我们挑选到一本好书，如同交到良师益友，它能帮助我们见识到更广阔的天空，开阔眼界和心胸，让生活变得丰富多彩。在这样的环境中成长，我们的情绪也会渐渐被感染，性格更加乐观和豁达，一切都走向良性循环。假如生活欺骗了你，它能为我们解惑答疑，修正我们偏离的航道，使境遇豁然开朗起来。心中若有了坚定的信念，星光便会照耀着前方，同时也能鼓舞他人。

外在魅力是穿着、妆容、发型的总和。爱美之心，人皆有之，从有意识的那一天起，我们每天都会注意到镜子里面的自己是否漂亮。外表的形象就是我们的第一张名片，天生丽质固然是先天的资本，但是如果后期不好好保养，不修边幅，那么自身的魅力就会一天天暗淡下来。正所谓"佛靠金装，人靠衣装"，得体的打扮是逆袭的法宝。修饰自己不但需要智慧，也需要技巧。我们正值青春期，精气神都是蓬勃向上地发展，是一生中最有张力的阶段，浓妆艳抹太轻浮，名牌首饰很浮夸，淡雅简朴的清新风格恰好能衬托出学生的书卷气，简单大方又清纯，是最理想的风格。当然根据自己的个性和喜好，个人魅力可以由自己去DIY。年轻人就应该去尝试不一样的生活，个人魅力在不同的场合和年龄段都是变化的，只要合适并受欢迎，就是成功的。

女孩子的魅力独一无二，天下无双，无论是传统还是新潮，守旧还是时尚，都能被这个多元化的时代所接受，哪怕是不像女孩子的中性美，也是受人追捧的对象。一千个观众就有一千个哈姆雷特，不同的人也有不同的魅力。

我们该怎样清晰地分析魅力的类型呢？一般来说，魅力有以下几种类型：

第一，优雅型。优雅，就是优美高雅。优雅是一种姿态，更是一种美好的气质。上天可以赐予一个人美丽的容颜，但是无法给予他优雅，因为优雅是艺术的产物，是文化耳濡目染逐渐培养起来的，是无价的财富。

一个优雅的人懂得培养内涵，懂得穿衣打扮，懂得风格搭配，懂得年轻的价值，懂得奋斗的坎坷但永不放弃的意义。一个优雅的人知道积极乐观的力量，遇到挫折时首先想到的一定是如何解决问题，而不是逃避问题。一个优雅的人知道从容淡定的重要性，遇事不慌张，处变不惊。

第二，高贵型。所谓高贵，就是高尚尊贵，常用来指人的精神境界，是一种精神品质，也是一种难得的气质。人的高贵在于灵魂，真正的高贵不是冷艳的代名词，而是充满希望和信心的精神状态，是对任何事情都有自信的心理状态。

第三，可爱型。所谓可爱，即值得爱，让人喜爱。可爱是一种吸引力，更是一种让人羡慕的气质。可爱的人不一定都有大眼睛、小鼻子和酒窝，不一定有圆滚滚的身体和胖嘟嘟的脸蛋，但一定有这个世界上最可爱的性格，有天真和单纯的品质。

可爱的人是单纯的，无论是对人还是对事，他们都不会想很多，简单就好，想多了只会让事情变得复杂。可爱的人是幼稚的，却是最有爱心的，他们不仅让人喜爱，更让人敬爱。在这个物欲横流的社会，人们都被层层利益紧紧包裹，只有可爱的人仍然活在自己简单的世界里，无忧无虑，开心地过好每一天。

魅力与性格

德国著名哲学家尼采曾说："聪明的人只要能认识自己，便什么也不会失去。"心理学上将气质、性格和能力作为个性心理特征的三个重要方面，其中气质和性格的关系最为密切，所以要认识自己的气质首先必须认识自己的性格。

"性格决定命运"，性格是影响一个人一生的因素。无论在哪个行业，做什么事情，在处理事情的态度和方法方面，都是自己的性格在起作用。性格本无好坏之分，但是不同的性格对人生之路有着不同的影响。性格快乐活泼、安静专注、勇敢自信的人，往往勤劳善良、有独立意识和创新精神，往往更容易成功；而性格优柔寡断、畏首畏尾、自卑自负、懒惰小气的人，则大多依赖性强，不善于思考，因而很难获得成功。

教室中，班主任王老师又提问让同学们思考了。王老师教的是语文，所以每次上课，她都会提前设置一些问题。语文是一门灵活的学科，问题设置水平的高低会直接影响到学生思维的发散性。这天他们刚刚讲了毕淑敏的《我的五样》，课后有一个思考题是谈谈自己生命中的五样。王老师首先让同学们思考5分钟，5分钟后自由发言，然后就出现了这样一幕：有的同学争先恐后地举手，希望老师能点他起来发表自己的观点；有的同学一言不发，坐在自己的座位上做自己的事情，不敢看老师的眼睛；还有的同学做思考状，不举手也不躲避，时而看看老师，时而拿起笔将自己所想写下来。

凭着十几年的教学经验，王老师发现，那些一言不发的孩子每次都是一言不发，总是很安静。如果老师强制地将他们点起来回答问题，他们会紧张不安，像受惊的兔子。这样的孩子平时在班里也不引人注意，他们的成绩中等，不会拉低全班的平均分，但也绝不会拉高一点儿平均分；他们表现中等，既不会惹是生非让老师头疼，也不会有惊天动地的举动让老师眼前一亮。那些踊跃发言的孩子则分为两类：一类是成绩特别好的，每次上课都十分积极，喜欢思考，无论哪个方面都尽力做到最好，这样的孩子非常要强，竞争意识也比较强。另一类是成绩不好但是其他方面表现不错的学生，他们劳动积极，发言积极，人际关系也特别好，他们喜欢表现自己，自信心较强，只是没有认识到成绩的重要性。而那些做思考状的学生，则渴望被老师关注又有些害羞，他们想做得更好又没有太足的信心，对老师提的每个问题他们都会思考，但是思维的局限性限制了他们的发展。总的来说，他们的性格特点各不相同，但在大的方面又会与其他人有一些相同或相似的地方。

性格是后天形成的，生活中我们常把性格分为两种：外向型和内向型。但人性格的外向和内向并没有特别明确的界限区分，一般人是两种都具有，只是更偏向于哪一种而已。那么，怎样正确认识自己的性格呢？

第一，从自己入手。我们可以准备一张白纸，将自己觉得比较稳定的性格特点列出来，然后问问自己：我开朗吗？我乐于助人吗？我真诚吗……将每一个问题认真写下来，然后在肯定的回答后面画勾。

第二，从家人入手。将上述白纸上的问题逐个地问父母，然后问问他们对你的看法，从性格方面谈，将描述性格的重点词汇在纸上记录下来。

第三，从朋友和同学入手。首先，摘抄出几个重点问题，然后设置一些针对性比较强的问题，比如问问朋友："你觉得我是一个称职的朋友吗？""你知道我几个秘密？"等等。这些问题看似和性格关系不大，实则联系密切。比如前面这个问题可以说明自己是否真诚，后面的问题则可以知道自己性格的外向程度。或者问一问同班同学对自己的印象，不是很熟悉也不要紧，印象也许更能说明性格特点。

第四，从老师入手。可能有的人会担心自己各方面表现平平，老师不会对自己有什么印象。其实这种想法是不正确的，也许这些人和老师没有太多的接触，就连上课回答问题也特别少，但是要相信，老师对自己班里的每一个学生都是非常关注的。而且老师经验丰富，更加懂得怎样激发出学生的潜力，发挥其性格中的优点，克服性格上的缺点。

魅力与气质

你是否羡慕《红楼梦》中薛宝钗端庄优雅、温柔敦厚的气质？是否羡慕林黛玉孤傲柔弱、多愁善感的气质？是否羡慕《陌上桑》中秦罗敷超凡脱俗、美丽出众的气质？她们或优雅、或娇柔、或端庄的气质成为千古绝唱，让众多女性艳羡不已。

想要知道自己具有怎样的魅力，就要从认识自己的气质入手。认识自己的气质会让你知道自己是什么类型的气质，从而知道自己具备什么，缺乏什么，应该朝哪个方向努力。

第一，我们要明确"真实的我"是怎样的。何为"真实的我"，就是自己所了解的自己，包括优点和缺点。了解了"真实的我"后，对照着之前三种基本的气质类型，我们就可以初步知道自己的气质类型。

第二，我们要明确"理想的我"是想成为怎样的人。"理想的我"即是自己想成为的那一种气质类型。当你读秦罗敷时，你除了羡慕还有什么感觉呢？是不是会有"如果我也有秦罗敷这样的气质就好了"的想法？这时候，秦罗敷就是你"理想的我"的一个形象类型。你喜欢这样的类型，是因为她身上散发出的良好气质深深吸引了你，是你向往的气质类型。

第三，找到"真实的我"与"理想的我"的契合点。不得不承认，无论真实的你多么糟糕，理想的你多么完美，这二者之间都是有契合点的。通过这个点，可以将二者连成线，然后变成面，形成"点、线、面"的持续发展。

下面的文字摘自某中学生的日记：

"前几天的数学考试我又没有及格，感觉很郁闷。但是看到同桌肖贝贝也没及格，心里就平衡了一些。虽然知道自己这种想法很不对，但是我想，当自己处在一个不好的环境中时总是希望有人陪伴的。"

"肖贝贝更加无精打采，趴在桌子上一句话也不说。我安慰她：'没事的，以后努力，下次肯定能考好的。'她抬起头来看着我苦笑了一下，说：'你总是能够这么淡定，这么乐观，为什么我做不到？'我回答她：'因为这是没有办法的办法啊，只要心里充满希望就可以继续向前嘛。'她点点头，做自己的事情去了。"

"我又沉默了，以前的我也是这样，遇事特别消极，一点点小事就能将我击倒，非常害怕遇到挫折。后来，我意识到这样不行，这种状态非常糟糕，特别是在看书时，读到书里的主角淡定地处理事情时我就不淡定了，因为我做不到。我羡慕书中女性优雅从容，男性温文儒雅。我疑惑：为什么他们会有这么好的气质而我没有？虽然文学作品是高于生活的，但我也知道文学作品是取之于生活的。"

"有一次看刘少奇的夫人王光美的传记，受益匪浅。风光时她低调华美，姿态优雅，后来遇到挫折时，她也不失望，始终真实而又完美地生活。我虽然没有她那么轰轰烈烈，但我也能做好自己，确定自己想拥有怎样的气质，然后向着自己渴望的气质努力。"

"在这个世界上，每个女孩儿都想成为美丽的白天鹅，雍容高贵，没有人愿意永远都是丑小鸭。可是，又有多少人愿意为了成为白天鹅而不懈努力呢？很多人都只是'晚上想想千条路，早晨起来走原路'，并没有因此做多少改变。"

"我不去想远方的道路，只是守着一个原则：既然我那么羡慕那些有着优雅气质的人，为什么不朝这个方向努力呢？也许有一天我也能成为别人眼中羡慕的对象，我愿意为此坚持努力。就像今天，肖贝贝很羡慕我对待学习的乐观心态，我感到很有成就感。学习固然重要，良好的气质也很重要，因为气质伴随着一个人的一生。"

无私才有好人缘

　　"春蚕到死丝方尽，蜡炬成灰泪始干。"这句话众所周知，春蚕和蜡烛在生命的最后一刻，仍在默默奉献着自己的价值，这就是一种无私的精神！雷锋也曾说过："把有限的生命，投入到无限的为人民服务之中去。"这不也是体现着无私奉献的精神吗？从古至今，社会上都不缺乏有着无私奉献精神的优秀的人。

　　例如，近代科学先驱、著名工程师詹天佑就是有着无私奉献精神的人。在国内，詹天佑面对一无资本、二无技术、三无人才的艰难局面，没有退缩，而是以满腔的爱国热情，受命修建京张铁路。他以忘我的吃苦精神，走遍了北京至张家口之间的山山岭岭，4年时间只用了500万元就修成了外国人计划需资900万元、需时7年才能修完的京张铁路。前来参观的外国专家无不震惊和赞叹。当时，美国的一所大学为表彰詹天佑的成就，决定授予他工科博士学位，并请他参加仪式。当时詹天佑正担负着另一条铁路的设计任务，因而毅然谢绝了邀请。他这种只为国家不为个人功名的精神，赢得了国内外的赞誉。

数学家华罗庚，在"七七事变"后，不为金钱和学位，从待遇优厚的英国回到抗日烽火到处燃烧的祖国，回国后积极投身于抗日救国运动。1950年，他已经成为国际知名的第一流数学家，并被美国伊里诺大学聘为终身教授，但他毅然带领全家回到刚解放的祖国。

而钱学森的事迹更是值得人们称赞的。1950年，钱学森到达港口准备回国时，被美国官员拦住，并将其关进监狱。而当时美国海军次长丹尼·金布尔声称："钱学森无论走到哪里，都抵得上5个师的兵力。我宁可把他击毙，也不能让他回到中国！"自此，钱学森失去了宝贵的自由，在一个月内瘦了30斤左右。1955年10月，经过周恩来总理与美国外交谈判上的不懈努力，终于使得钱学森回到祖国。1958年4月起，他长期担任火箭导弹和航天器研制的技术领导职务，为中国火箭和导弹技术的发展提出了极为重要的实施方案，为新中国火箭、导弹和航天事业的发展做出了不可磨灭的巨大贡献。

这些人在无私奉献的同时，也赢得了我们的尊敬和爱戴。

张海迪，山东省文登人，中国著名残疾人作家，哲学硕士，英国约克大学荣誉博士。1983年3月7日，团中央举行命名表彰大会，授予张海迪"优秀共青团员"的光荣称号，并作出向她学习的决定。1960年，5岁的张海迪因患脊髓血管瘤导致高位截瘫，但是她并没有自暴自弃，而是自学完成了小学、中学和大学的学习，并学习针灸，在当地行医。1982年7月23日，同王佐良结婚。1983年张海迪得到了两个赞誉：一个是"八十年代新雷锋"，一个是"当代保尔"。张海迪历任第九、十届全国政协委员。2008年11月当选中国残联第五届主席团主席，2013年9月19日选举连任中国残联第六届主席团主席。

对于张海迪，我们并不陌生，她在5岁的时候，胸部以下就完全失去了知觉，生活完全不能自理。医生们一致认为，这样的高位截瘫病人很难活过27岁。在死神的威胁下，张海迪意识到自己的生命也许不会长久了，她为没有更多的时间工作而难过，更加珍惜自己的分分秒秒，用勤奋的学习和工作去实现生命的价值。她在日记中写道：我不能碌碌无为地活着，活着就要学习，就要多为群众做些事情。既然是颗流星，就要把光留给人间，把一切奉献给人民。

1970年，她随带领知识青年下乡的父母到莘县尚楼大队插队落户，看到当地群众缺医少药的痛苦，便萌生了学习医术解除群众病痛的念头。她用自己的零用钱买来了医学书籍、体温表、听诊器、人体模型和药物，努力研读了《针灸学》《人体解剖学》《内科学》《实用儿科学》等书。为了熟悉针灸穴位，她在自己身上画上了红红蓝蓝的点儿，在自己的身上练针体会针感。功夫不负有心人，她终于掌握了一定的医术，能够治疗一些常见病和多发病。在十几年中，她为群众治病达一万多人次。

她从保尔·柯察金和吴运铎的事迹中受到鼓舞，从高玉宝写书的经历中得到启示，决定走文学创作的路子，用自己的笔去塑造美好的形象，去启迪人们的心灵。她读了许多中外名著，写日记、读小说、背诗歌、抄录华章警句，还在读书写作之余练素描、学写生、临摹名画、学会了识简谱和五线谱，并能用手风琴、琵琶、吉他等乐器弹奏歌曲。现在她已是山东省文联的专业创作人员。她的作品《轮椅上的梦》问世，又一次在社会上引起了强烈反响。

认准了目标，不管面前横隔着多少艰难险阻，都要跨越过去，到达成功的彼岸，这便是张海迪的性格。有一次，一位老同志拿来一瓶进口药，请她帮助翻译文字说明。看着这位同志失望地走了，张海迪便决心学习英语，掌握更多的知识。从此，她的墙上、桌上、灯上、镜子上，乃至手上、胳膊上都写上了英语单词，还规定自己每天晚上不记10个单词就不睡觉。家里来了客人，只要会点英语的，都成了她的老师。经过七八年的努力，她不仅能够阅读英文版的报刊和文学作品，还翻译了英国长篇小说《海边诊所》。当她把这部书的译稿交给某出版社的总编时，这位年过半百的老同志感动得流下了热泪，并热情地为该书写了序言：《路，在一个瘫痪姑娘的脚下延伸》。以后，张海迪又不断进取，学习了日语、德语和世界语。

海迪还尽力帮助周围的青年，鼓励他们热爱生活、珍惜青春，努力学习为人民服务的本领，为祖国的兴旺发达献出自己的光和热。不少青少年在她的辅导下考取了中学、中专和大学，不少迷惘者在与她的接触中受到启发和教育变得充实和高尚起来。

张海迪在轮椅上唱出了高昂激越的生命之歌，这支歌的主旋律是：一个人生命的价值在于为祖国富强、人民幸福而勇敢开拓、无私奉献！

"有的人活着，他已经死了；有的人死了，他还活着。"这句出自臧克家《有的人》里面的名言，深刻地诠释了"人的价值更取决于他是否具有奉献精神"这样一个道理。

人的生命价值不仅取决于自己，也取决于他身边的朋友。俗话说得好，近朱者赤近墨者黑。相信在拥有无私奉献的人的身边，良师益友是绝对少不了的。而我们如果能有幸成为他们的朋友，大概也会获益匪浅吧！

随着科技的不断创新和发展，电子产品充斥着我们的生活。不管是同学聚会还是朋友聚会，很多人都只是埋头玩手机。朋友、同学之间缺乏交流，交往自然不会长久。越来越多的人疑惑，为什么现在真心的朋友不多了，是我们变了还是他们变了？其实，都没变，要改变的只是我们与朋友间的交往方式。在我们与他人的交往中，无私是最重要的一点。我们虽然很难做到像上面那些人一样的大公无私，可是在与身边朋友的交往中，做好小无私是很有可能，且是必要的。

在与朋友的交往中，只顾自己利益，交往是不可能长久的。我们不能总想着自己，对方既然是你认可的朋友，那你们的利益就应该是绑在一起的。

在大余县休整参观时，小张一直惦记着抽时间上街去解决存储卡和移动硬盘的事。如果不能解决，后面的一半路程中，他的拍照就要受限制了，而且存储格式也要小了。真是天无绝人之路！中午，在丫山吃饭时，小张听当地一位同事说，大余县与广州的韶关紧邻，也就百十公里的高速路。下午他们去梅关古道，翻过去就是韶关的地界了。小张马上想起了朋友肖金铭，他是小张的一位好朋友，好老兄。一年前，他们一起合作过，肖金铭带来的新鲜荔枝，让小张垂涎欲滴。半年前，他们还一同在河南郑州见过面，还一起拍摄了天鹅、壶口。何不求他帮忙购买存储卡呢？小张马上把电话打了过去，肖金铭听说小张在大余县，非要小张去他那里玩几天，看看他们丹霞的地貌。虽然，丹霞地貌也是小张渴望拍摄的，可是，这次重任在身，不能前往了。小张把困难说出后，肖金铭爽快地答应帮小张解决。下午，肖金铭打来电话，说东西已经买好，晚上给小张送来。小张一颗悬着的心才放了下来。晚上9点钟，小张在宾馆大厅见到了专程给他送存储卡的肖金铭。小张迎上前去，紧紧握住了肖金铭的手，连说"谢谢"。肖金铭也太细心了，还特意给小张带来4包当地的银杏茶。到了房间里，他们聊得很开心。肖金铭要接小张去韶关看看他们的夜生活，第二天早上再把小张送过来。小张怎么好意思再给肖金铭添麻烦呢？他已经帮了小张很大的忙了。肖金铭看小张确实有任务在身，就邀请他以后去拍他那里的丹霞地貌，然后就和小张告辞。看着肖金铭的车消失在夜色中，小张默默地祝他一路平安！万事如意！

　　这一件小事不正说明了朋友之间交往的无私之处吗？不需要你做很大、很惊天动地的、一下子把别人感动得要死的事，就是这样的小事才更能体现这份友谊的珍贵。像肖金铭那样无私为朋友的人，在以后的生活中会交到越来越多的真朋友。

无私才有好人缘啊！

赠人玫瑰，手留余香

赠人玫瑰，手留余香。相信这句话谁都不会陌生吧！这句从远古时代就流转下来的谚语，包含着博大精深的中华语言文化。这个谚语的意思从字面上就能够理解，即善待他人，就是善待自己，将你的快乐分享给别人，也就得到了分享别人快乐的机会，因为快乐是会传递的。有时候，举手之劳可以使很多人受益，我们又何乐而不为呢？有时候，一个发自内心的小小善行，也会铸就大爱的人生舞台。记住别人对自己的恩惠，摒弃自己对别人的怨恨，人生的旅途才能晴空万里。一件很平凡微小的事情，哪怕如同赠人一枝玫瑰般微不足道，但它带来的温馨都会在赠花人和爱花人的心底慢慢升腾、弥漫、覆盖。可以这么理解吧，你帮了别人，做了好事，或是成全了别人，就等于送了别人玫瑰一样会让人高兴，而你自己心里也会因为做了好事而觉得高兴，那样你的心里能够感受得到一种甜蜜，你的手上可以嗅到一丝玫瑰的芳香。

一位从事公交服务业的工作人员说过这样一段话："很多人都觉得服务工作是不平等的，是不被尊重和关注的。所以很多刚入行的同事受不了委屈，吃不了苦，都打算改行。我曾经问自己：'从事这个行业我想要的是什么？'我的内心这样回答：'我要有很多很多的财富，很多很多的快乐。'得到快乐，我就把快乐带给每一位乘客，用对待亲人的责任感和爱心来获得乘客的重视、尊重和关注。很快，我明白了施和受一样，都能带给我人生的快乐。我用对待家人的爱心服务我的每一位乘客，让他们感受到我的真挚，这难道不是另一种形式的财富吗？正所谓赠人玫瑰，手留余香！平凡的工作满足了我的人生渴望，因为心中有爱，所以能去领会生命中的真谛。内心的单纯，让我洞悉生命的本质，学会尊重和关爱他人，那样才能真正帮助他人，提升自己。当乘客不理解我的工作的时候，我的内心当然也会感到委屈，甚至有些怨恨。但是转念一想，如果我是他，是否能够容忍这样的服务和态度？因此，我学会了换位思考，从乘客的角度去考虑他们的需要和烦恼。当需求和供给达成一致的时候，再棘手的问题都能迎刃而解。这是对自己的挑战，时常需要自我检讨和关注他人内心的感受。在这里，好的心理素质是做服务的关键。我感谢曾经训斥过我的人，因为他们让我知道了自己的不足，使我得到成长；我感谢曾经压抑过我的人，因为他们让我学会了忍耐；我感谢曾经赞扬过我的人，因为他们让我知道了我的优势；我感谢曾经受过的挫折，因为挫折让我变得更加坚强。"这样一位普通的从事服务业的工作人员，能有这么深的感悟，是特别难能可贵的。

雷锋，人人都知道，1940年出生在湖南省长沙市望城区一个贫苦农民家庭，逝世于1962年8月15日。雷锋3岁时，他的爷爷在春节前夕被地主活活逼死；雷锋5岁时，他的父亲在江边运货的路上遭到国民党逃兵的一顿毒打，后来又遭受日寇的毒打，由于没钱治病，不久就去世了。雷锋家里很穷，他哥哥11岁时就去当童工，因为岁数小被饿成了皮包骨，最终不幸染上肺结核，不久也去世了。更不幸的是，雷锋唯一的亲人——他的母亲，受到地主的凌辱后，于1947年中秋之夜悬梁自尽。年仅7岁的雷锋从此沦为孤儿，在六叔公和六叔奶奶的抚养下，他活了下来，并长大成人。

1949年8月，雷锋的家乡湖南长沙望城解放。他参加了儿童团，进小学读书，并第一批加入了中国共产主义少年先锋队。1956年，他小学毕业后参加了工作，先后在乡政府当通讯员和在中共望城县委当公务员。1957年2月，雷锋在团山湖农场开拖拉机时，加入了中国共产主义青年团，在根治沩水河中，因表现优异被评为工地模范。此后，他相继在望城县沩水工程指挥部、团山湖农场和辽宁鞍山钢铁公司化工总厂当拖拉机手和推土机手，由于工作出色，多次被评为"红旗手""劳动模范""先进生产者"和"社会主义建设积极分子"。1958年11月，雷锋在18岁时，来到鞍钢参加工业建设，3次被评为"先进生产者"，5次被评为"红旗手"，18次被评为"标兵"。1960年1月参加中国人民解放军，11月加入中国共产党，在部队荣立二等功1次，三等功3次，团、营嘉奖多次，被誉为"毛主席的好战士"。

在部队的培养教育下，他进一步提高了政治觉悟，牢固地树立了全心全意为人民服务的思想和为共产主义奋斗终生的远大目标。他热爱集体，关心战友，关心群众，把"毫不利己，专门利人"看成人生最大的幸福和快乐，并身体力行，认真实践。他把自己省吃俭用积攒下的钱寄给受灾人民，送给家庭困难的战友。他还经常在节假日或其他休息时间到部队驻地附近的车站为人民服务。雷锋在部队生活的两年零八个月时间内，被授予中士军衔，荣立二等功1次，三等功3次，受嘉奖多次，被评为"模范共青团员""节约标兵"，被选为抚顺市第四届人民代表大会代表。

雷锋一生获得的荣誉不计其数，这些都不是平白无故得来的，这些都包含着人民以及政府给他的肯定。

5月的一天，雷锋冒雨去沈阳。他为了赶早车，早晨5点多就起来了，带了几个干馒头披上雨衣就上路了。路上，雷锋看见一位妇女背着一个小孩，手里还牵着一个小女孩，正艰难地向车站走去。雷锋想都没想，脱下身上的雨衣就披在大嫂身上，又抱起小女孩陪她们一起来到车站。上车后，雷锋估计她们没吃早饭，就把自己带的馒头给她们吃。火车到了沈阳，天还在下雨，雷锋便把她们送到家里。那位妇女感激地说："同志，我可怎么感谢你呀！"雷锋说："不要感谢我，应该感谢党和毛主席啊！"

还有一次，雷锋从安东回来，要在沈阳转车。他背起背包过地下通道时，看见一位白发苍苍的老大娘拄着棍，背了个大包袱，很吃力地一步步迈着。雷锋走上前问道："大娘，您到哪儿去？"老人上气不接下气地说："俺从关内来，到抚顺去看儿子！"雷锋一听跟自己同路，立刻把大包袱接过来，用手扶着老人说："走，大娘，我送您到抚顺。"老人感动极了，一口一个好孩子地夸他。进了车厢，他给大娘找了座位，自己就站在旁边，掏出刚买来的面包，塞在大娘手里。老大娘往外推着说："孩子，俺不饿，你吃吧！"雷锋说："别客气，大娘，吃吧，先垫垫肚子。""孩子"这个亲切的称呼，给了雷锋很大的感触，他觉得就像母亲叫着自己小名那样亲切。他站在老人身边，和老人唠起了家常。老人说，她儿子是工人，出来好几年了。她是第一次来，还不知道住在什么地方。说着，老人掏出一封信，雷锋接过一看，上面的地址他也不知道。老大娘急切地问雷锋："孩子，你知道这地方吗？"雷锋虽然不知道地址，但知道老人找儿子的急切心情，就说："大娘，您放心，我一定帮助您找到他！"雷锋说到做到，到了抚顺，背起老人的包袱，搀扶着老大娘用地图找了两个多小时，才找到老人的儿子。母子一见面，老大娘就对儿子说："多亏了这位解放军，要不然，还找不到你呢！"母子俩一再感谢雷锋。雷锋却说："谢什么啊，这是我应该做的。"

1962年8月15日上午8点多钟，雷锋和助手乔安山驾车从工地回到连队车场，然后雷锋不顾长途行车的疲劳立即去洗车。当时，战士们在路边立了一排约2米高的晒衣服的木杆，顶上用8号铁丝拉着。雷锋让乔安山开车，自己下车指挥乔安山倒车转弯。

汽车的前轮过去了，但后轮胎外侧将木杆从根部压断。受顶部铁丝的作用，木杆反弹过来，正好击中了雷锋的左太阳穴，雷锋当场昏倒在地。战友们立即把雷锋送到抚顺矿务局西部职工医院抢救，副连长开车飞速赶到中国人民解放军202医院请来医疗专家。但因为雷锋的颅骨损伤，脑颅出血，导致脑机能障碍而不幸去世，年仅22岁。当雷锋殉职的消息传来，几万人涌到部队，想看雷锋最后一眼。抚顺市当时的市委书记毅然捐出了为母亲备办的寿材，用以安葬雷锋。原本准备在部队举行的追悼会，因要求参加的群众太多，不得不改成全市公祭，10万人为一个22岁的普通士兵洒泪送行，并护送灵柩到烈士陵园。

雷锋带给我们的感动太多太多，这些感动都是用言语无法表达的，他乐于助人的品德更是值得我们学习。虽然我们可能做不到那么好，但只要我们做了，至少在心底还是觉得很欣慰吧。我相信，每个人都有过这样的感受，当你帮助了别人，你自己的心里也是特别高兴的。赠人玫瑰，手留余香。让我们从现在做起！

勿以善小而不为

古人云："勿以恶小而为之，勿以善小而不为。"如今的我们，一边仰望着那些被神化了的"贤者"自叹不如，一边连一件小小的善事都不愿做。殊不知，为小善，方能至千里。伟人的形象不是一天树立起来的，他们做的不是什么惊天地泣鬼神、前无古人后无来者的创世之举。一点平凡的小事，做好它并坚持下去，也能成为伟人。善者不是满嘴佛经道法，时刻谨记着以救死扶伤为己任，很多时候，举手之劳，多为他人着想，就是善。善心不分大小，小善更能感人肺腑，让人铭记于心。不屑于小善，何以拥有大善？

小善，是心灵的温度。有一位作家讲述了自己的经历：一个雪天的早晨他去图书馆借阅书籍，不经意间看见保洁员正在拖地。图书馆里的人进进出出，外面的人们进入室内，鞋底的雪立刻融化，带着脚底的泥土变成黑乎乎的脚印，保洁员不得不一次次地擦拭，直到一位送水工推门而入。送水工探头看了看又退出去，不一会儿他再次进来的时候，脚上套了两个塑料袋，生怕踩脏了保洁员辛苦打扫干净的地板。保洁员立在一旁，目光里有闪着温暖的感动，而后来的人也都纷纷效仿。有的人是没有注意到脚下的这件小事，有的人虽然同情保洁员的辛苦但是懒得想办法，索性视而不见，他们都是来借书的知识分子，却没有送水工那一份善心。

送水工的善举，只不过是两个塑料袋而已，可在那个大雪纷飞的早晨，对于保洁员来说却如春天般温暖。

小善，是生命的机遇。一对年迈的夫妇在暴风雨到来之前来到一家小旅馆投宿。年轻的前台服务生查阅客房登记后抱歉地告诉老人客房已满。看着外面糟糕的天气，服务生自己也有父母，哪里忍心赶老人离开？于是他便提出老人们可以住在他的房间里，他年轻体壮只需要在前台坚持一夜就行了。第二天老夫妇离开的时候，递给年轻人一份聘书，邀请他担任自己名下的一家跨国酒店的领班。

前台服务生的善举，只不过是动了恻隐之心，担心老人淋雨便将自己的房间贡献出去。可是他的善念，却为他带来了人生中重要的机会。

小善，是生命的高度。油漆工在做自己的本职工作时，发现船底有漏洞，便顺手补好了船底的漏洞。这一下意识的行为，却挽救了船主孩子的生命。最美妈妈接住了坠楼的幼童，她说这是本能；郭明义与人为善赢得了国人称赞，他却认为这都是小事。他们的善举，都是举手之劳，却如神来之笔一般改写了他人的命运。只要我们愿意，我们也可以做到，一丝小小的善念，一颗怜悯的慈悲之心，把思想转化成动力，精神转化成勇气，想到就毫不犹豫地去做。可是有太多的人，看不上行小善的念头，空感叹贤者不可及。

小善，是人生的宽度。刘女士的女儿小敏从国外留学回国，为了给她接风洗尘，刘女士和她先生在餐厅订了雅间。一路上小敏不停地说着在国外遇到的趣事，全家人都很开心。餐厅的环境优雅，小提琴的旋律满溢在每一个角落，服务员训练有素，一家三口其乐融融。这时，不和谐的事情却突然来临。刘女士这天特意穿了一身新买的白色旗袍，上面银色织花若隐若现，在水晶灯的照耀下流光溢彩，似水纹般浮动着光泽，如此美丽的风景却在服务员的粗心大意下面目全非。本是满面春风胜桃花的刘女士顿时沉下脸。大概是看出来衣服的贵重，服务员吓得说不出话来，气氛一时骤然降到了十月飘雪。这时，小敏走过来拍了拍服务员的肩膀，微微一笑说："你没吓到吧？不用担心，我妈妈的衣服回去洗洗就干净了，菜上齐了，你可以出去了，我们不会告诉店长的。"刘女士一听，有些坐不住了，小敏转过头对着她俏皮地眨了眨眼睛，示意不要生气，等服务员离开再解释。服务员战战兢兢地退出包厢后，没等刘女士问，小敏首先说："妈，你先别生气，听我说。我之前不是说过在国外上学的时候去过一家西餐厅勤工俭学吗？刚刚发生的事，也曾发生在我身上，当时我吓坏了，脑子里一片空白。我一个人只身在外，没人能帮我，先不说老板可能会开除我，如果那位女士要发难，我很可能吃不了兜着走。就在我万念俱灰的时候，那位女士拉过我的手，很温和地对我说："请不要害怕，我不会告诉老板的，这件脏衣服我拿去干洗店就可以搞定，没什么大不了的，放轻松，去做你自己的事吧。'我一时愣住了，感动得一塌糊涂，我从没见过这么善良的顾客，所以我也要把这份善良传递下去。"刘女士听后，心疼女儿在外面吃的苦，又感激那个素未谋面的外国女人对小敏的宽容，也为小敏的成长和善良感到欣慰。一句原谅的话，一个温和的眼神，对于犯错的人来说无疑是最大的安慰和鼓励。而这份善良，感染了他人，传递着正能量，拓宽了生命的宽度。

小善，是一扇开启大爱的窗户。阿美利达大叔独自在街区的一个角落，经营着一个小小的杂货店。小本经营，依靠赚取微薄的利润维持生活。这天的午休时间，一个叫罗伊的小伙子来到杂货店，买了一瓶调味品。罗伊是不久前从外地来到这里打工的，经常光顾阿美利达大叔的杂货店。一个小时以后，阿美利达大叔突然意识到自己犯了一个错误：罗伊当时要的是那个品牌中最贵的，而他拿给罗伊的是比较便宜的那种。想到这儿，阿美利达大叔非常不安，尽管自己的午餐正煮在锅里，而且罗伊回去后很可能已经把调味品打开使用了，按道理是不能换货或退货的，况且罗伊自己并没有发觉，但阿美利达大叔还是决定为罗伊换一瓶。阿美利达大叔拿了一瓶调味品，出了杂货店，走了20多分钟，来到罗伊的住处。这里有许多出租屋，住着大量外来人员。此时正是午休时间，没有人在外游荡，阿美利达大叔不知道罗伊住在哪间房子，因为担心自己炉子上的饭烧糊了，他扯开嗓子喊起罗伊的名字。许多在午睡的人——自然包括罗伊——被吵醒了，他们不知道发生了什么，纷纷披衣出门查看。而就在这时，房屋连同大地一起剧烈地震动起来，不一会儿房屋便不断倒塌了！发生地震了！如果阿美利达大叔没有把他们吵醒，或者等他吃完饭迟来一会儿，那么这群人将都会被埋在房屋中。事后人们才知道，这就是震惊世界的海地大地震。就这样，不愿意让顾客吃一点点亏的阿美利达大叔，竟然戏剧般地挽救了十多个人的生命，其中也包括他本人。小善不小，也许举手投足之间的善意举动，就是生死攸关的大境界。

小善，真的如沙粒般微小，也许只是为你身后的人挡住门，也许只是给予陌生人一个搀扶，也许只是一步路将垃圾扔进垃圾箱，但正如荀子所言："故不积跬步，无以至千里；不积小流，无以成江海。"一点一滴的积累，方成就大人物。日常生活中心存善念，说真话，做好事，存善心才能厚积薄发，折射出耀眼的人格光芒。

千里之行，始于足下。勿以善小而不为，才能一步步走向成熟，走向成功，走向贤达。

不要打听别人的隐私

朋友是水，能解饥渴；朋友是茶，清香甘醇；朋友是酒，越久越浓烈！

有个知心朋友真好！开心时，朋友陪我们一起欢笑；难过时，朋友会耐心地安慰我们；遇到高兴事，或是烦恼事，我们都乐意和朋友诉说，朋友们也都乐意倾听。快乐时，和朋友待在一起轻松；难过时，和朋友待在一起解忧愁。

我们习惯了有朋友，习惯了和朋友腻在一起：一起上课，一起吃饭，一起打闹……

婷婷和乐乐是一对很好的朋友，天天都黏在一起，就连老师都说她俩像亲姐妹。但是最近她俩却很少在一起了，原来婷婷活泼好动，最近喜欢上了游泳，一有时间就泡在游泳池里。起初她还带着乐乐一起去，但是乐乐不会游泳，后来婷婷结识了不少游泳爱好者就不再带乐乐去了，而婷婷也有了自己的小秘密。

内向的乐乐越来越觉得孤单，心里大感不快，本来每天和婷婷生活得好好的：一起上课，一起吃饭，甚至睡觉都一起，每个周末还一起去看电影。这下可好，自从婷婷结识了一些游泳爱好者，就抛下她一个人不管了。乐乐越想越生气，也越来越难过，心里还暗暗下了决定。

到了晚自习时间，婷婷还没回来，乐乐心情糟透了，书也没办法看，索性就在那儿发呆。

晚自习结束，乐乐回到寝室，看到婷婷更加觉得不顺眼，婷婷却没觉察到乐乐的一脸不悦。只见婷婷拉着乐乐的手，说："你看，我给你带回什么了，全是你爱吃的零食，你快吃吧！"

乐乐看都没看一眼，就甩开婷婷的手。婷婷满脸错愕，不明白是怎么回事。乐乐大声说："你天天和别人玩，丢下我一个人，甚至现在有什么话都不和我说，你这是典型的有了新朋友忘了老朋友，现在是选择我，还是选择她们，你自己决定吧！"

婷婷被惊得半天没反应过来，她不知道乐乐怎么会这么说她，她解释道："在我心里，我们是最好的朋友，你总不能让我放弃爱好，再说我也不能什么事都和你说吧。我们渐渐长大，总有点儿自己的隐私，这段时间是我没陪你，你就别生气了，好吗？"

乐乐冷笑道："你都承认了吧，隐私，说明根本就不把我当朋友，我们绝交好啦！"说完就走，留下不知该如何是好的婷婷。婷婷看到自己买的零食被拒绝，不明白乐乐为什么会这样，很是伤心。

乐乐失去了好朋友婷婷后，伤心极了。乐乐妈妈看到乐乐天天闷闷不乐，就问乐乐发生了什么事，乐乐一五一十地告诉了妈妈，她觉得自己委屈极了，谁知妈妈听完却笑了。妈妈看到一脸疑惑的乐乐，笑着说："傻孩子，你误会婷婷了，你想想她要是不把你当好朋友，怎么会买你最爱吃的零食呢？好朋友并不是一定要天天待在一起，好朋友也需要有自己的空间，好朋友也要有自己的隐私啊，难道你就没有小秘密？"听了妈妈的话，乐乐开心地笑了。

乐乐找到婷婷道歉，她们又成了最好的朋友，只不过她们懂得了尊重对方的小秘密，懂得给对方一定的空间。开心的是乐乐在婷婷的帮助下也学会了游泳。乐乐和婷婷又一起上课，一起吃饭了，而且一起去游泳，乐乐也结识了很多新朋友。

别人都说：朋友不一定要门当户对，一定要同舟共济；不一定要形影不离，一定要心心相印；不一定要锦上添花，一定要雪中送炭；不一定要天天见面，一定要放在心里；不一定要无话不谈，可以有自己的小秘密，真心就好。

在人生道路上能陪我们一辈子的是朋友，我们一定要学会尊重、包容、理解朋友。

友谊是哀伤的缓和剂，伤口的流泻口，灾难的庇护所……朋友是我们犹豫的商议者，冲动的镇静剂，思想的散发口，因此我们要感激友谊，感谢一直陪在我们身边的朋友。朋友有自己的隐私，我们理解；朋友有自己的爱好，我们支持；朋友不能陪伴，我们包容；朋友伤心，我们安慰；朋友遇到困难，我们关心。

　　或许我们不能第一时间分享彼此的快乐，或许我们都有自己的小秘密，我们都有自己的生活，渐渐地少了联系，但是我们空间的每一次更新，个性签名的每一次变动，抑或是我们的每一次相聚，都牵动着彼此的心。试想我们三年后面临毕业，各自分离，减少的只是见面和联系，而我们的友情丝毫不减。

相互尊重是人际关系的良药

如今随着科技的发展，交通越来越便利，全球的人们每天都在密集地交往。在我们当今的生活圈子里，人际交往成了重头戏，情商是低是高，就看你能不能游刃有余地应对每一个人。成功者大多数左右逢源，四海之内皆兄弟，失败者则多半是朋友寥若晨星，家里门可罗雀。但真正的个中高手有老者般的德高望重，君子般的美名远扬，是他人从心里敬佩的人。人际关系千丝万缕，枝叶交缠，环环相扣，看似错综复杂，但是万变不离其宗，它需要相互尊重的肥沃土壤，才能茁壮成长，坚固不摧。只要我们用心经营，谨慎对待，认真呵护，就能拥有一个良好的人际关系。尊重是一种高尚的节操，是一种真诚的态度，是中华民族的传统美德，是个人明事知礼的体现。要得到就要有付出，先尊重他人，我们才能受到尊重，所以尊重他人就是尊重自己。

　　阿哲在农村长大。一日他的父亲带着他去照看朋友家的牛，由于从没接触过放牛，阿哲兴致高昂。大黄牛悠闲散漫惯了，走路慢吞吞地，急性子的阿哲不乐意了，把缰绳搭在肩膀上，使出吃奶的力气拉着牛鼻子往前走。这一拉不要紧，打扰了大黄牛吃草可就不对了，它蹄子一蹬，索性原地休息了起来，算是和他杠上了。阿哲当然对它无可奈何了，小身板儿哪推得动大黄牛？见它纹丝不动，阿哲只有找来爸爸解决。爸爸接过缰绳不拉反松，回过身站在牛头后面和它并肩，最后把绳子轻轻搭在牛背上，大黄牛开始快步前行了。动物都需要尊重，何况是人呢？尊重他人如成熟的麦穗，是弯着腰的谦卑，不是代表着低人一等的自卑和软弱。被尊重是作为人的基本需求，是自信的泉源，是心灵的鸡汤，不是轻视他人的傲慢和偏见的借口。

　　在一个空旷幽深的山谷里有一个小男孩，他不开心的时候常常对着山谷大喊："我讨厌你！"心中发泄一通感觉好多了，正准备转身走人的时候，却听见山谷的回声："我讨厌你！"男孩子生气了，又对着四周喊道："你这个坏蛋！"结果山谷拿同样的话回复他。小男孩"哇"的一声气哭了。回到家后，小男孩把在山谷发生的事情告诉了妈妈，说有人骂他。妈妈听后笑着让他明天再去那里大喊"我们做朋友"吧。第二天，男孩照做了，果然又传来一模一样的回声，男孩心里很高兴，又试着喊道："我喜欢你！"山谷同样也说："我喜欢你！"故事虽然简单，但是小男孩的故事恰好就如现实中人与人之间的交往，尊重是双向的，如果我们不尊重他人，失去尊严的只会是我们自己。多给予一份尊重，我们就会多收获一束温暖的阳光。

高尔基说："如果人们不会互相理解，那么他们怎么能学会默默地互相尊重呢？"不懂得理解的人，往往喜欢按照自己的喜好主宰和干涉其他人的生活，不管别人愿不愿意，这种人只活在自己的世界，他们被遮住了眼，看不见别人的心，无视他人的尊严。理解他人即是换位思考，感受他人的痛苦哀思，欢喜愉悦，帮助我们对合理或者不合理的事情保持理性的态度，做出正确的评判，维护他人的面子，尊重他人的想法。秦始皇奋六世之余烈，振长策而驭宇内，吞二周而亡诸侯，履至尊而制六合，统一了中国。为了促进民族间更好地融合，秦始皇决定采用统一的文字、度量衡、货币，还有文化。七国百姓之间有了共同的标准，方便了人们相互理解，久而久之必然形成你谦我让、相互尊重的礼仪之风。

发自内心的真诚为相互尊重搭起一架灿烂缤纷的彩虹桥。《礼记·乐记》上记载"著诚去伪，礼之经也。"自古以来，就有"人无信而不立"的说法，虚伪做作只能得一时的人心，正所谓日久见人心，费尽心机去做表面功夫只会尽失人心。电视剧《甄嬛传》中的安陵容与甄嬛相交数十年，一同入宫，情同姐妹。但是安陵容从小看惯了虚伪的斗争和利用，便用装傻充愣来保护自己，她内心自卑，才情、相貌、家世、恩宠自认处处比不上甄嬛，后来投靠皇后，对姐妹虚情假意，暗下黑手。世上没有不透风的墙，最后她的所作所为被甄嬛得知，失去了甄嬛对她的尊重和爱护。了解她这样虚假的为人谁还会深交？安陵容最后孤独地死去。真诚意味着将心门打开，把最柔软的地方展现出来，这样的勇气怎能让人不感动？

宽容的心为尊重撑起一片天空，世界上最好的美德是宽容。有这样一则寓言，两匹马一起玩耍，一匹马不小心咬伤了另外一匹马的脖子，但是这匹被咬伤的马不但没有生气，还反过来安慰对方，叫它不要自责和羞愧，两匹马和好如初。这种以德报怨的品格让我们感动。如果它们针锋相对，除了增加更多的伤口外还能得到什么呢？所以说这是一匹明智的马，选择了最佳的处理方式挽回了友情。

地势坤，君子以厚德载物。宽厚的品行、高尚的修养、广阔的胸襟在任何时代背景下都有着迷人的魅力。正如花香引来蝴蝶，而美好德行吸引天下人前来打交道，为我们博得一个好名声，塑造一个令人们尊重的良好形象，这是交朋友的上乘心法。每个人都是一块有棱有角的玉石，有骄傲任性的一面，而人与人之间交往难免有摩擦和矛盾，连说话都有可能造成言者无意、听者有心的捕风捉影，更何况是朋友真真切切做了伤害我们的事？我们该怎么做？是割袍断义、就此分手，还是宽容对方的过错？如果有人故意挑起事端，就是俗话说的"看你不顺眼"，我们是不是要以牙还牙，以其人之道还治其人之身？但是我们要考虑的报复只会使仇怨越积越深，而我们自己只是得到了一时的痛快，余下的时间被恐慌笼罩，因为害怕受到他人的还击，最初的目的是为了心里舒坦，结果却起了反作用，自己反倒活得不开心，还显得小家子气，得不偿失。但是如果我们选择了宽容大度，退一步海阔天空，而且得到了知情者的尊重，伤害我们的人总有一天会感激我们的原谅和宽广的胸怀，并加倍回报我们。日积月累，我们会发现自己比以前更加豁达和淡然。在与人交往的时候，我们自然而然喜欢靠近个性淳厚的人，羡慕宽宏大量之人的人格魅力，那为何我们不修身养性，加入其中呢？

六祖惠能大师说："若轻慢于人，即有无量无边罪。"虽说修行之人对自己要求严格，但是其中的道理却是真谛。学会理解、真诚、宽容才会懂得尊重，同时赢得尊重。相互尊重，不卑不亢为我们带来友谊之光，在人际交往中留下一抹浓烈的色彩，永不褪色。

抬头走路的女孩

每一班车都有不同的路线，

每个人的一生都会遇到不同的沿途风光。

只是呱呱坠地时，我们都不知道会在哪里停留，又将前往怎样的远方。

所以，有的人选择了坐车，有的人选择了坐船。

只是启程后才发现，

上帝为我们预定的是单程票，踏上旅途后我们便无法回头。

如果渐行渐远的过程中我们发现远离了原来的轨迹，

不要担心，在我们身后布满了相同的脚印。

在岔路口，

有的人选择幽远神秘的林荫小径，

有的人选择平坦无折的广阔大道。

不要感叹生活的无奈，

看看自己，

能改变什么？

如果可以，

那就坚持自己的想法大胆去做。

如果改变不了，

那就抬头挺胸，踏踏实实走好前方的路吧……

自信的人走路时总是抬头挺胸，给人以朝气蓬勃的印象，体现出一种乐观的生活态度。自信的人总是拥有积极乐观的心态，他们总是能够看到事情好的一面，坚持追求生活中的真善美，并用自身的正能量感染周围的每个人。

阿良最近喜欢上了一个女孩儿。初次邂逅时，朴素的她在美女如云的学校中显得平淡无奇。后来阿良又遇到过她几次，她总是低着头匆匆走过，及肩的秀发总是严严实实地遮住了她的脸。直到那天校庆，学校举办烟火大会时，阿良在人群中看到了她，她正仰着头看天空中的烟火。阿良看到她有一张十分清秀的脸，只是眼角边有一块蝴蝶状的胎记，但这并不影响女孩的美丽。阿良很奇怪，为什么这么漂亮的女孩儿每次都要用头发把脸遮住？后来阿良通过一次又一次创造机会与女孩儿熟识了，见时机成熟，阿良问出心中的疑惑。女孩笑着说："想必你也看到我脸上的胎记了，就是因为它，我才不敢抬头，我怕会吓到别人。"阿良失声笑道："我倒是觉得它很好看，像一只小巧玲珑的蝴蝶，偏偏跃然的样子，如果没有它，你的脸反而失了灵气。"女孩儿有点儿不敢相信，这是她平生第一次听到旁人夸赞这块胎记。从小她就因为脸上长了这块胎记而十分自卑，所以她习惯低着头用黑色的长发将脸遮住，时间长了，她也就习惯了。阿良鼓励她说："你要相信自己，哪怕它就是不成形的胎记又如何呢？不要因为这么一点瑕疵而否定自己的美丽，何况，它还能为你加分呢。现在还专有一种妆容要特意在脸上画图案呢。"看着阿良如此认真的样子，女孩儿开始愿意去相信这块胎记并不是那么的丑陋。她开始慢慢把脸露出来，结果她发现大家其实并没有因为她脸上有那样一块胎记而用异样的眼光看她，原来那块胎记的影响如此微乎其微。渐渐地她开始接受了自己脸上的这块胎记，不再低着头匆匆行走了，而是像所有女孩子一样，抬起头，自信地向前走。她的改变让她变得更加开朗，朋友也渐渐多了起来。这就是自信的魔力，改变人的境遇，影响我们的人生。

小泽征尔是闻名世界的音乐指挥家。有一次他去欧洲参加比赛，决赛时，他被安排最后一个出场。评委照例给了他一张参赛乐谱，小泽征尔稍做准备后便全神贯注地指挥起来。演奏和指挥配合得天衣无缝，一切都有条不紊地进行着，但是稍后他发现乐谱中出现了一点不和谐，开始他以为是演奏出了差错，就指挥乐队停下来重奏，但是仍然在同样的地方出现了不自然的情况。这时他方才意识到乐谱确实有问题。可是，在场的作曲家和评委会的权威人士都一再声明乐谱不会有问题。毕竟在场的都是国际权威人士，他不免在心中产生了动摇，也许是自己判断错误。但他经过仔细地检查和思考后，决定坚信自己的想法。于是，他斩钉截铁地喊道："不！一定是乐谱错了！"此话刚落，评委席上的人们立即站了起来，以最热烈的掌声祝贺他大赛夺魁。原来这是评委们精心设计的一个考验，为了试探参赛者在发现错误而所有人都不承认的情况下，能否顶着压力相信自己的专业素养和判断能力，只有具备这种素质的人，才当之无愧是世界一流的指挥家。在所有优秀的参赛者中唯有小泽征尔相信自己而不违心去附和权威，这一份自信成就了他的成功，所以说自信的人往往会拥有其独特的魅力，征服众人。

随着社会的发展，女性地位得到了提高，女性的追求绝不仅仅只是足够善解人意，知书达理，温柔体贴就够了，女人也可以养家糊口，为事业奋斗，承担更多的责任，在激烈的竞争中成为佼佼者。自信是竞争中最基础也是最重要的资本，女孩子的内心必须要足够强大和自信，英国历史上第一位女性首相撒切尔夫人或许是个好例子。

在英国一个不知名的小镇上有一位叫玛格丽特的小姑娘，她从小接受严格的家庭教育，父亲要求她在任何事情上都要争第一，不允许她落于人后，哪怕是乘公交也必须坐在第一排。在父亲的期待和教导下她养成了对目标勇争第一的态度和必胜的自信，并且用实际行动克服一切困难，证明了只有想不到、没有做不到的事。在学习上，其他学生需要花费5年的时间修完拉丁文课程，她凭借着超常的毅力和争一流的决心仅用1年便完成了。不光是学业出众，玛格丽特在体育、音乐、演讲等其他方面也是出类拔萃，走在最前列。也许这样严厉的教育和厚重的期望对于一个小女孩儿来说太苛刻，但是她的父亲从来都不准她用任何"太难了"或者"我不会"等借口中途放弃。也正是培养出来的这份自信，让玛格丽特无论在学业中还是在事业上都保持着佼佼者的地位。这个小姑娘就是40年后雄踞英国政坛十多年之久，被世界誉为"铁娘子"的玛格丽特·撒切尔夫人，她璀璨荣光的一生照耀了整个欧洲。我们不一定要学习撒切尔夫人的铁腕作风，成为震撼世界的名人，但是"永远争做第一"的人生态度是值得我们借鉴的，它所带来的高度自信能帮助我们在人生的道路上昂首阔步。我们要把自己放在重要的位置上，相信自己的分量，态度决定高度，即使我们是丑小鸭，也会变成骄傲的白天鹅。

抬头走路还能给人一种暗示，提醒着我们时刻注意形象和气质。人无千日好，花无百日红，青春短暂，容颜易逝，但是自信能永远保持着最佳的风度和美好的形象，我们要时时刻刻保持一颗积极向上的心态。

你有让人讨厌的小动作吗

细节决定成败。虽然有成大事者不拘小节一说，但是细节往往会反映出我们是一个怎样的人，进而影响别人对我们的印象，由此可见，细节对成功的影响不容小觑。因此，我们应该重视生活中的细节。

细节往往会产生巨大的影响。比如，在奥运会上，为了比赛时那短短的几分钟，运动员往往经历了几年的辛苦训练，正所谓台上一分钟，台下十年功。但即使这样仍不能保证他们在比赛中一定能取得好成绩，比赛过程中，任何一个细节没有做到位，就有可能使之前的一切努力付诸东流。

当今社会，人们越来越不重视细节所产生的重大影响。最典型的表现就是，人们忽视了生活中的细节将会导致环境污染这一问题。经济与科技日新月异，环境污染问题却越发严重。在社会各界人士研究如何改善这一问题的同时，我们也应该贡献自己的一份力量，充分认识到生活中的细节将会对环境造成的不良影响，以及环境污染对人类本身的危害，进而从小做起，从细节做起，保护我们的环境。

小细节大影响，还体现在不良生活习惯对人体健康的危害。

比如，生活中许多人不按时就餐，还有很多人不吃早餐，这就是不良的生活习惯。食物在胃内仅停留4至5个小时，感到饥饿时胃早已排空。这时，胃液就会对胃黏膜进行"自我消化"，从而引起胃炎或消化性溃疡。可见，规律饮食是身体健康的大前提。

生活中，有很多人，特别是青少年和所谓的"大忙人"，平时不喜欢喝水，感到口渴时，才喝大量的水。事实上，口渴是人体缺水的反应，到口渴时再喝水、补充水分已经晚了。相对于食物来说，水对人体的新陈代谢作用更加重要。每个成年人，每天需饮水1500毫升左右才能保证人体不缺水。而喝水的时间也是有讲究的，晨间或餐前一小时喝一杯水，既可洗涤胃肠，又有助于消化，促进食欲，对身体健康大有益处。研究表明，拥有良好饮水习惯的人，患便秘、尿路结实等病的概率明显低于不常饮水的人。

另外，许多人认为累了才应该休息，其实感觉到累了是身体非常疲劳的信号。过度疲劳容易积劳成疾，降低人体免疫力，使疾病乘虚而入，因而只在感到累了的时候才休息，会严重损伤身体健康。不论是脑力劳动还是体力劳动，在连续工作了一段时间后，应该进行适当的休息或调整。睡眠是新陈代谢活动中重要的生理过程，而困倦是大脑相当疲劳的表现，我们不应该感到困了才睡觉，应当养成按时就寝的习惯，并保证每天不少于7个小时的睡眠时间。按时就寝可以保护大脑，提高睡眠质量，避免失眠，并维持生物钟正常运转。

人们还有一个常见的不良习惯是只在便意明显时，才去厕所，甚至有便憋着不解，这样对健康极为不利。有报道说，一位中年男子，为了打麻将，便意明显也不去小解，最后因此去世。这是因为，粪便和尿液中含有大量有毒物质，大小便在体内停留过久，就会被人体吸收，从而导致"自身中毒"，由此可见憋便对人体的危害。因此，我们应养成按时排便的习惯，尤以晨间最好，以减少痔疮、便秘、大肠癌的发病率。

肥胖也是由不良的生活习惯导致的，比如进食过量、缺乏运动。但是肥胖是可以预防的，如控制饮食、防止暴饮暴食、调整饮食结构、加强体育锻炼。

疾病也应该以防范为主，人体的一些细微变化往往是疾病到来的信号，只要我们注意留意这些细微变化，就可以达到预防疾病的目的。比如人们常说的亚健康状态就是疾病的前奏，当身体出现亚健康的症状时，我们要引起注意，要把疾病消灭在萌芽状态。

除此之外，要保持身体健康，还要注意以下10个小细节：不要临睡前洗热水澡，不要在疲惫时喝咖啡或抽烟，不要完全拒绝食物中的脂肪，不要把手机放在床边，不要赖床，不要吃排毒药丸，一天应喝8杯水，中午也应该刷牙，失眠时要注意补钙，要保持良好的心情。健康的生活应该从细节开始。

综上所述，小细节往往会造成大影响，所以，我们应该注意细节，从细节做起，从小事做起。

大事是由不起眼儿的小事组成的，唯有把每件小事做好，才有可能做成大事业。

海尔集团总裁张瑞敏曾说过："什么叫作不简单，能够把简单的事千百遍做好，就是不简单；什么叫不容易，大家公认的非常容易的事情，非常认真地做好它，就是不容易。"而做到不简单与不容易，做好细节至关重要。

比如，记住别人的名字虽然是一件小事，但在人际交往中是十分重要的。因为名字是一个人的代号，代表着一个人的一切，是一个人不同于其他人的重要特征。第一次见面就能清楚地记住别人的名字，是尊重他人的一种表现，会因此获得他人的好感，从而建立良好的交往关系。

在人际交往中，细节尤其重要，对细节的妥善处理是一个人修养素质的全部体现，是一个人的潜在形象及人际资源方面的投资。尤其是在与他人初次见面时，将细节做到位，会给对方良好的第一印象，而第一印象在后面的交往中会起到至关重要的作用。

首先，见面要准时，不能迟到。衣着打扮要根据参加场合而定，要做到端庄大方、整洁，有品位，这是对他人的尊重。

其次，要对对方有较全面的了解，尽量谈论对方比较感兴趣的话题，而不是大谈特谈自己感兴趣的事。跟别人交谈的细节，该问的明知故问，不该问的想问也不要问。别人的隐私，不知道的问题，不可刨根问底。这样谈话才能继续下去。

最后，注意姿势或动作，做好细节。要避免出现不文雅的举动。要知道，举止行为与人的内心世界联系在一起，在一定程度上影响交往的成败。微笑是一种宽容与接纳，是一种力量、涵养和暗示，能缩短彼此心理上的距离，容易使人敞开心扉。

要建立起深厚的友谊，就要注意相应的细节，要以友为先，将细节都做到位，敢于表达真实的自我，做事不苛求，不斤斤计较，这样才能建立起友谊，建立起良好的人际关系。

人生方圆中，自尊是立世之"方"，尊人是处世之"圆"，在强调自尊的同时，更应重视尊重他人。在人际交往中，只有形成尊重与被尊重的默契与和谐，才可能使交往顺利进行和持续发展。而注重细节，做好细节，是尊重对方的一个表现。眼睛盯住高处，行动落在细节，做事脚踏实地，找准自己的位置，从而实现自己的远大志向。

做人做事必须注重细节，要懂得从点滴着手，不能浮躁冒进。任何人的成功都不是一蹴而就的，是由大量的细节铸就的，细节的重要作用不可小觑。所以，如果你想成功，就从做好细节开始吧！

食不言，寝不语

每一个追求成功的人都应该知道养成良好习惯的重要性。傅雷是我国著名的翻译家、评论家，和大文豪苏轼一样，他的几个儿子都各有成就，这和他的严格教导是分不开的。傅雷的严格管教都体现在一些小细节上，比如要求傅聪和傅敏的坐姿，甚至屁股坐在板凳的三分之一位置，吃饭习惯，以及手摆放在桌子上面的位置都严格要求。最终傅聪成了有名的钢琴家，傅敏成为了著名的英语特级教师。习惯是可以养成的，我们现在也可以严格要求自己，培养出更多的好习惯。习惯能左右我们的思维方式，决定我们的行为动向，代表我们的性格，无论是待人接物还是生活起居，都处处体现着个人的习惯，而良好的习惯展现高品位的素养。世界著名心理学家威廉·詹姆士说，播下一个行动，收获一种习惯；播下一种习惯，收获一种性格；播下一种性格，收获一种命运。如果说是性格决定命运，倒不如说是习惯支配未来。

好习惯里的学问很多，如古训箴言般让我们终身受益，木受绳则直，金就砺则利，通过养成好习惯可以改变我们的言谈举止、心性品德。拿坐姿来说，正确的坐姿应该腰椎弯向前，胸椎弯向后，这样不仅能够有效预防颈椎病，而且端正的坐姿传递着自信、尊重、友好的讯息，受人欢迎。但生活中处处都有跷着二郎腿、两腿叉开等坐姿，显得随意散漫。

古人云："食不言，寝不语。"这其实就是要求人们在饮食起居上有一个良好的习惯。虽然只有几个字，却蕴含了大大的智慧。"食不言"这句话首先从礼仪的角度来讲，吃饭的时候专注享受厨师的作品，这是对厨师的尊重。如果在公共场合进食，高谈阔论、大声喧哗的人惹人注目，显得没有修养。

其次，从科学角度来看，人们在进食的时候，食物和空气只有一个公共通道——咽喉，然后分别进入食管、气管，一般情况下我们不必担心出现"抢道"的问题，因为有会厌软骨作为调节道路的"交警"。我们吞咽食物时，会厌软骨向后倾斜，气管盖住后，食物顺利进入食管，然后软骨又恢复直立的状态，我们才能进行呼吸。但吃饭时如果谈笑风生不注意，导致食物"呛"入气管，容易导致急促的咳嗽，严重时会产生"吸入性肺炎"。

以上事故不是必然事件，我们尚可有侥幸心理。吃饭说话会影响消化，进食后的身体需要更多的血液流向消化系统的不同部位，提供能量分解、消化、吸收营养物质。如果心急的人边吃边说话，不但嚼不烂食物，使食物不能充分利用也会造成营养浪费。数据证明，对于同等的食物，专心进食者对蛋白质的吸收高达85%，对脂肪吸收达83%，狼吞虎咽的人只能吸收75%的蛋白质和71%的脂肪。

再说说"寝不语"。如果我们在该睡觉的时候讲话，大脑由抑制变为兴奋，造成整个机体的生物钟紊乱，直接影响我们的睡眠质量。任何一个爱美的女孩子都应慎重对待它，因为不管是什么高端大气上档次的保养品都不及一晚精致的睡眠。人躺下来后，睡不着、做噩梦，休息了一晚上却似跑完马拉松一样疲惫不堪，医学称之为"失眠"或"浅睡眠"。现代生活的快节奏带来的压力和生活环境的质量下降，是睡眠质量下降和失眠的罪魁祸首。根据统计，全世界三分之一的成年人为失眠所苦，我国有20%～30%的人在睡眠上患有不同程度的疾病，老年人群更甚，可能达到40%。可见，拥有良好的睡眠是健康的基本条件之一，所以为了拥有一个甜美的梦乡，从"寝不语"做起。

一个受欢迎的女孩应该要有很多的好习惯。时时注意自己的仪表，总是以干净整齐的形象出现在大家面前，这样不仅能使自己更加自信，同时也表达了对别人的尊重。在私底下，女孩子也要有讲究卫生的好习惯。指甲、牙齿等细节处也要保持充分的干净，这样有益于身心的健康。除此之外，要养成锻炼身体的良好习惯。生命在于运动，运动能促进血液循环，强身健体，又使我们心境开阔。运动还是改善情绪，卸负减压的良方。喜欢运动的女孩子举手投足都洋溢着活力和朝气。法国思想家伏尔泰高举起"生命在于运动"的旗帜，一生热衷运动，活到80岁了，他还能和朋友们一起登山看日出。除了在生活上养成良好的习惯，更应该做的是养成内心的良好习惯。比如在人生的旅程上，学会心平气和，淡然自若，既有真性情的孩子气，又有矜持时的庄重知礼。

上帝创造人时，除了赋予美德和智慧外，还加入了惰性。坏习惯很容易养成，良好的习惯却需要用好几倍的时间才能养成，并且不能三天打鱼，两天晒网。美国科学家经研究表明：好习惯的养成期为21天，90天的重复才会形成稳定的习惯。心急吃不了热豆腐，好习惯的培养需要循序渐进，由远及近，由浅入深，我们一层一层地坚固它，并将它转化为信念，用一生去履行它。

战痘小·误区

如今，随着城市空气质量的下降，电子产品的各种辐射以及人们生活的不规律等原因，越来越多的青少年面临着青春痘的困扰。

痤疮俗称"青春痘"，是最常见的毛囊及皮脂腺阻塞、发炎所引起的一种慢性炎症性皮肤病。痤疮因皮脂腺管与毛孔的堵塞，皮脂外流不畅所致。通常好发于面部、颈部、胸背部、肩膀等。主要表现为白头粉刺、黑头粉刺、脓包、结节、囊肿、丘疹等。痤疮有碍美观，虽多发于青春期，但也不完全受年龄阶段的限制，从儿童到成人，几乎所有年龄段的人都可能发病。

痤疮分为如下多种类型：粉刺性痤疮，初发者有白头和黑头粉刺两种。白头粉刺又称闭合性粉刺，为皮色丘疹，开口不明显，不易挤出；黑头粉刺又称开放性粉刺，位于毛囊口的顶端，可挤出，叫硬脂栓。丘疹性痤疮，痤疮炎症可继续发展扩大并深入，表现为炎性丘疹和黑头粉刺。脓包性痤疮，表现以脓包和炎性丘疹为主。囊肿性痤疮，表现以大小不等的皮脂腺囊肿内含有带血的黏稠脓液，破溃后可形成窦道及瘢痕。结节性痤疮、脓包性痤疮漏治、误治以后，可以发展成壁厚、大小不等的结节，位于皮下或高于皮肤的表面，呈淡红色或暗红色，质地较硬。萎缩性痤疮，丘疹或脓包性痤疮破坏腺体而形成凹坑状萎缩性瘢痕。融合性痤疮或聚合性痤疮，数个痤疮结节在深部聚集融合，有红肿，颜色青紫。恶病质性青春痘、超重型青春痘，虽极少见，但却相当严重。小米至黄豆大的紫红色丘疹、脓包或结节，黑头粉刺不多，经久不愈；多并发于贫血、结核病或其他全身性疾病。

其实，能看到的痘痘还不算最难治的，很多暗痘也就是微粉刺，才是比较棘手的。其实肉眼看不出无法突出皮肤的粉刺，是因毛孔被分泌的油脂所堵塞没法正常排除而形成的。微粉刺在脸部一般是180天的生长期，手摸有硬硬的感觉时说明它已成型。若此时期没正确护理和清洁皮肤，饮食作息不规律，抽烟、喝酒，它就会转变为白头、黑头粉刺甚至中重度痤疮而造成面部红肿。而且根据痘痘的颜色分四个阶段：白痘痘，毛孔被堵住，一挤就出白白软软的东西，如果变硬就成粉刺；红痘痘，毛孔受到细菌感染导致发炎，血管扩张又红又肿；黄痘痘，血液中的白血球杀菌死掉后化脓；茶痘痘，表面看似痊愈但因痘痘还在毛孔深处，鼓鼓的并残留之前发炎的色素沉淀形成的痘痘。

一些不好的习惯也可以诱发痘痘的生长。很多青少年不爱吃蔬菜水果，偏爱肉食，这样很不利于皮肤自己的排毒功能，还容易使皮肤囤积过多的油脂从而诱发痘痘。众所周知，水果中含有纤维物质，有助于排便，排便就是在排出身体的毒素，身体的毒素排干净了，脸上的皮肤自然也就会好了。纤维物质还能促进人体的新陈代谢，还有减肥的功效。水果中还含有大量的维生素，同时有抗癌作用，含的多种矿物质有净血造血的作用。水果的美容作用不用说广大青少年都应该清楚了。香蕉、草莓、葡萄、樱桃、梨等都是有助于身体排毒、皮肤排毒的佳品。另外，蔬菜的作用也是不可忽视的。多吃含有维生素C的食物，例如酸枣、鲜枣、西红柿、新鲜的绿叶蔬菜、胡萝卜，等等。还有富含维生素E的食物，如卷心菜、菜花、芝麻油、芝麻、葵花子、菜籽油，等等。多吃这些水果蔬菜不仅对痘痘肌有所改善，还可以起到美白的作用哟。摸脸、托腮容易使手上的细菌被带到脸上导致痘痘感染。还有常吃快餐、泡面等速食产品极易导致便秘，也是长痘痘的诱因之一。喝水少、熬夜更是祛痘的最大杀手。其实长痘痘的朋友们的皮肤大部分都是内油外干的肤质，虽然皮肤表面大量出油，但皮肤的里面是非常缺水的，而缺水导致水油不平衡，皮肤就会把多余的油脂分泌出来而引起毛囊的堵塞长痘。熬夜更是加重了内火，痘痘都不约而同地冒出来了。心情不好也会诱发痘痘，你们知道吗？这样的痘痘也叫情绪痘。心情不好，情绪失调如肝火郁结、暴怒伤肝、思虑伤脾等都可能使气机逆乱，气滞血瘀导致月经不调、早衰等内分泌失调。尤其内分泌异常的女性体内雄激素水平偏高，会刺激皮脂腺分泌大量油脂，令我们更容易受到痘痘的困扰。为什么痘痘总反复发作，也是痘友们比较关注的问题吧？很多痘友都认为长痘是体内原因，其实体内原因只是诱发因素，刺激了皮脂腺分泌大量的油脂，油脂无法正常排出才会导致长痘。而导致油脂无法排出的原因却是毛囊堵塞，所以在毛囊没有疏通的情况下，不管使用怎样的产品或手法，也只是暂时抑制痘痘，所以痘痘才会总是反复发作，所以说祛痘最关键的是疏通毛囊，内调为辅。

俗话说得好，知己知彼，百战百胜。我们只有充分了解痘痘了，才能更有把握战胜它。每一位痘友都要有战痘的决心！

长了痘痘不能简单用一种方式来消除，要根据痘痘所长的不同部位来对症下药。一般前额痘痘代表心火旺，血液循环有问题，可能与过于劳心伤神有关，也代表肝脏排毒功能不好，即是体内积聚了毒素。这时期的你脾气比较不好，就要多睡觉，多喝水，减少饮用酒精类饮品。泡一壶杭白菊花茶，有助清热解毒，对痘友们更是有益无害哦。鼻梁痘痘则有可能是脊椎骨出现问题，快找医生检查。除此之外，油脂分泌过盛，缺水也是主要因素。多喝清水，多吸收维生素B2、维生素B6也可以使症状得到改善。或在一盆热水里滴入2滴洋甘菊精油，先蒸脸3分钟，待水冷后用来洗脸，会改善鼻子油脂分泌过盛的烦恼。长在鼻头处的痘痘是胃火旺或消化系统异常，这就要多吃些消火的食品了，例如苦瓜等，都是清热解火的佳品。鼻翼痘痘是新陈代谢不佳，鼻翼附近会出现黑头、干纹或皮肤破裂，多用婴儿油加一两滴洋甘菊精油按摩，会有很好的效果。脸颊痘痘可能是肺功能失常。嘴唇脱皮、冒痘痘、溃烂等现象表明你需要多吸收维生素B2或复合维生素B了。嘴角开裂或许与铁质不足有关，吃苹果、猪肝是个不错的选择。下巴痘痘表示肾功能受损或内分泌系统失调。女孩子在下巴周围长痘痘或许是因为月事不调引起的。太阳穴痘痘表示胆囊负担过重，显示你的饮食中包含了过多的加工食品，造成胆囊阻塞，需要赶紧进行体内大扫除。长效建议，每天一杯苦瓜汁是最快捷的方法，或者食用其他瓜类，比如黄瓜、冬瓜，这些都能很好地吸收油脂。腮边颊痘表示淋巴循环不畅，长期肝脏负担加重后，会在耳际、脖子和脸交界处产生痘痘，反复爆发在同一位置，上升为淋巴循环不畅。祛除腮边颊痘，要促使肝胆排毒，不可劳累，暴饮暴食，适度增加睡眠时间，让大量供应到大脑、肠胃的血液有充分时间供应肝胆排毒。特别要减少睡前饮食的习惯，不加重肠胃负担。双眉间痘痘，可能会导致胸闷、心律不齐、心悸。建议不要做太过激烈的运动，避免烟、酒等辛辣食品。

长痘痘后不要经常洗脸，洗脸的确能把毛孔清洗得干干净净，但是过于频繁会刺激皮脂腺的分泌功能，一天两次即可，磨砂膏和收敛水最好不要用，也会刺激皮脂腺的分泌。我们的脸部皮肤敏感又娇嫩，是万万经受不住抠、挤、挑的折腾的，手上的细菌会造成二次感染而且容易留疤。千万别吸烟，少吃辛辣、油炸、高热量的食物。万一过度吃油腻食物，痘痘激增怎么办？第一要锻炼减压，减少身体双氢睾酮、脱氢表雄酮的分泌。多吃含全谷物及各种抗氧化的水果和蔬菜，如番茄、蓝莓、菠菜等。保持皮肤清洁，轻柔去角质，补水以及防晒，这对于抵抗痘痘来说异常重要。多喝金银花茶、菊花茶、柚子茶，有降火改善痘痘肌的作用。长痘痘的朋友们，不能吃腥发物，如海鳗、海虾、海蟹等可引起机体过敏，使皮脂腺的慢性炎症扩大而难以祛除。不吃高脂类，如奶油、肥肉等易产生大量热能的食物。不吃辛辣物和高糖物，巧克力、冰淇淋等食后会使机体新陈代谢旺盛，皮脂腺分泌增多从而使痘痘连续不断出现。痘痘肌的清洁也很重要，卸妆、洁面必须分别进行，因为只有含油分的卸妆液才能彻底清除同属油性的化妆品。使用不含皂基和酒精成分的洁面和护肤产品。洁面时要注意洗干净鬓角、下巴、淋巴区域。还有，提醒容易在经期冒痘的女性朋友们，经期内分泌极容易失调，所以在经期护肤过程中应尽量简化步骤。

最后，希望所有的痘友们尽早摆脱痘痘的困扰，拥有一个光洁美丽的脸庞！

减肥·小·策略

爱美是女人的天性。拥有姣好的身段更是每个女性心中的渴望，因而减肥才会成为女人一辈子的事业。每个女人心中都有自己理想的身材，并为了拥有理想的身材坚持不懈地努力着。

事实上，不同时代的审美观是不同的。比如，唐朝就是以胖为美。唐朝是一个思想观念很开放的时代，容许袒胸露臂，他们所崇尚的女性体态美是额宽、脸圆、体胖。唐人"丰肥浓丽，热烈放姿"，以肥为美。唐朝第一美人杨贵妃身材就很丰腴，据野史考证称：杨贵妃身高164厘米，体重却有138斤。但在当今社会，却是以瘦为美，强调女性体形的曲线美，要前凸后翘，水蛇腰。甚至，连衣服的款式也以修身为主。因此，肥胖便成为现代爱美女性的大敌。

当然，人们热衷于减肥不仅仅是因为肥胖影响了我们的体形美，更是因为肥胖影响了我们的身体健康。随着生活水平的提高，人们的营养状况得到改善，肥胖者日渐增多。随着"肥胖大军"的迅速崛起，心脑血管等一些疾病的发病率也随之增高。医学研究表明：肥胖症者心脏病、高血压、糖尿病等疾病的发病率是正常体重者的3倍，动脉硬化的发病率是正常体重者的2～3倍，癌症的发病率是正常体重者的2倍。此外，肥胖还会引发中风、高血脂、呼吸道疾病、皮肤病等多种疾病，是人类健康的大敌。具体来说，肥胖的危害有以下几点：

1.肥胖是一种营养障碍

长期以来，很多人都以为肥胖意味着营养良好。但事实上，肥胖并不等于营养良好，它与消瘦一样，都是营养障碍所导致，二者所不同的仅是体内脂肪贮藏的多少。肥胖不仅是体内脂肪过剩所导致，也存在某些营养成分缺乏的因素。如许多肥胖儿童往往存在铁、钙等微量元素摄入不足的问题，从而引起缺铁性贫血、软骨病等多种营养缺乏性疾患。

2.肥胖易诱发糖尿病

虽然不能说肥胖是引起糖尿病的直接原因，但它具有引发糖尿病的作用却是不可忽视的。许多资料表明，越胖的人糖尿病的发病率就越高。在一些经济发达国家，由肥胖引起的疾病中，糖尿病是最多的。成年型糖尿病患者中，约有1/3的人属于肥胖体形。几乎所有的肥胖者，在空腹情况下，血糖都会不同程度地增高。

3.肥胖易引起运动系统疾患

肥胖者过度增加的体重，对骨骼和关节等运动系统，特别是对脊椎和下肢，是一种额外的负担。骨骼、关节等组织长期支撑过重的体重，就如每天扛着多余的东西，久而久之，就会积劳成疾，引发关节炎、肌肉劳损、脊神经根压迫等问题，从而引起腰腿肩背酸痛，甚至使得关节变形，将严重影响肢体活动。

所以，减肥刻不容缓。

生活中，人们虽然认识到了减肥的重要性，却因为走入了减肥的误区，没有用科学、合理、健康的方法来减肥，最后，不但没有达到减肥的目的，反而越减越肥；或者虽然成功瘦了下来，却严重影响了健康，得不偿失。那么，人们在减肥方面都有哪些误区呢？

误区一：节食减肥

节食减肥是减少进餐时间和进餐量，饿了忍着也不吃东西。这种做法是绝对错误的，饥饿时如果胃部没有食物填充，胃液就会腐蚀胃壁，长此以往，很容易引发胃病。

误区二：吃素更健康

有些人减肥是不吃肉和油，只吃素，认为这样更健康。这样也是很不合理的。大量进食肉和油显然是很有害的，但少量合理地吃一些，对女性来说是必需的，因为肉和油中含有其他食物中没有的营养素，长期不吃就会导致营养不良，而只吃蔬菜、水果是不能补充这些营养的。比如人体必需的蛋白质，就只能通过进食肉类来补充。

再比如人体必需的矿物质铁，肉类中的铁元素相对于蔬菜中的铁元素，更容易被人体吸收。研究表明，虽然菠菜和芹菜都含有丰富的铁元素，但其吸收率却只有猪肝和红肉里铁元素吸收率的1/30。长期不吃肉就很容易导致身体缺铁，从而引发缺铁性贫血。因此，用不吃肉和油、只吃素的方式来减肥，也是不正确的。

误区三：越瘦越好

有些女性认为越瘦越好，结果减肥无节制，最后将身体搞坏了。事实上，现代所提倡的以瘦为美，并不是说女性越瘦越好，相反太瘦还会导致很多麻烦，比如免疫力下降等，所以女性朋友不要一味地追求瘦，要掌握好度。身体是自己的，减肥达到效果了，但是健康没有了，那么这一切还有意义吗？所以，减肥要在健康的大前提下，减去多余的脂肪，从而凸显女性的形体美。

科学、健康的减肥要从食疗和运动两个方面着手。

首先，在食疗方面，要坚持做到以下几点：

1.18:00以后停止进食。如果18:00以后不进食，可以保证晚饭的能量不会在体内堆积而变成脂肪。如果你是夜猫子，也可以保证睡前6小时不进食，只要能做到这一点，你就会慢慢地变瘦。

2.肉和淀粉要分开吃。

3.半身浴排毒又排水。

4.食用以蒸煮的方式处理的鸡、牛肉及蛋白质组成的食材，这能帮助你快速地燃脂，变瘦。

5.23:00前睡觉，睡前2小时不能大量喝水，因为很多浮肿、虚胖的问题跟晚睡有很大的关系。持续一周早睡，你就可以发现身体的肿胀有所消除。

这里，再教大家做一道瘦身美肤排毒餐。首先将紫薯去皮，切丁，蒸熟备用。黄瓜去皮，切丁。将熟紫薯丁、黄瓜丁、牛奶一起放入搅拌机中搅拌均匀，即可食用。早餐食用较好，可以有效饱腹、吸脂、排毒。如果家里没有搅拌机，也可以用勺子将紫薯按压成泥状，与黄瓜丁、牛奶拌匀，即可食用。

另外，大豆也有减肥的效果。大豆富含植物性蛋白质，其中的缩氨酸能降低血清胆固醇，令脂肪燃烧的速度加快。另外，大豆中所含的卵磷脂是体内胆固醇产生的催化剂。香蕉也可以起到减肥的作用。香蕉有很强的饱腹感，能帮助排出体内毒素，因而可以用于减肥。但是香蕉富含能量，一日进食不宜过多。

在运动方面，肥胖者可以做做跳绳、游泳、打羽毛球等运动，可以有效消除脂肪。

研究表明，每天跳绳200下能有效去除身体多余的赘肉。要注意的是，在跳绳的时候最好选择鞋底较软的运动鞋，这样可以保护脚部和踝关节。游泳是最好的减肥运动，游泳消耗的能量大，脂肪燃烧迅速，而且游泳需要全身的协调运动，想瘦哪里就瘦哪里。另外，羽毛球也是要全身协调的运动，对于想瘦全身的朋友们来说，真的是不错的选择。

想减肥的人要记住：不管做什么，都是贵在坚持，只要坚持减肥，就一定会瘦下来。

护发、护肤小·秘诀

　　一头飘逸的秀发，白里透红的肌肤，是每个女生都梦寐以求的，因此，很多女性都为护发、护肤伤脑筋。只要持之以恒、坚持不懈地努力，并掌握一定的方法，我们就一定可以拥有自己理想中的美丽！

　　就护发来说，不同的发质有不同的护理方法，盲目地使用洗发、护发产品，就像盲人摸象，不仅事倍功半，有时还会收到反效果。

　　发质主要分为油性发质、干性发质、中性发质、混合性发质。

　　油性发质是指头发油腻发光，似搽了油，发干直径细小，显得脆弱。虽然较多的皮脂可以保护头发，使其不易断裂，但细发所需头皮脂覆盖的总面积较小，因此皮脂供过于求，头发就会呈油性。简单的鉴别方法是，在洗头的翌日观察头发，如果头发看起来软塌塌的，摸起来油腻腻的，就属于油性头发。

干性发质的皮脂分泌少，没有油腻感，头发表现为粗糙、僵硬、无弹性、暗淡无光，发干往往弯曲，发梢分裂或缠结成团，易断裂、分叉、折断。日光暴晒、狂风久吹、空气干燥、强碱肥皂等，均可吸收、破坏头发上的油脂，使头发的水分丧失，从而形成干性发质。而含氯过多的游泳池水和海水，也可漂白头发，使得头发干燥受损。

中性发质的特性是头发柔滑光亮，不油腻，也不干枯，容易吹梳整理，是健康正常的头发。

混合性发质的特性是头发干燥而头皮多油，或是同一根发干上兼有干燥及油腻的头发，常伴有较多的头皮屑。

发质受损主要表现为头发摸起来粗糙，发尾分叉、干焦、松散不易梳理，主要是由烫染不当、选用的洗发水不当造成的，其中由于洗发水选择不当造成头发受损者约占25%。

那么，怎样来护理我们受损的头发呢？

首先，你需要选择合适的洗发水。最好每天清洗头发，随时保持秀发清爽飘逸。洗头前先用梳子把头发梳顺，用水冲湿后，将洗发水倒在手上揉出泡沫，再搓在头发上。而直接把洗发水倒在头发上搓是大忌，很容易伤到头皮。然后用指腹轻轻按摩头皮，这样可以促进血液循环；切勿乱抓一气，也不要把头发全部堆在头顶揉洗，要从上至下捋洗头发，这样毛鳞片才没有机会翘起来，洗出来的柔顺感堪比使用护发素！

很多女性喜欢烫头发，烫过的头发不仅很难梳顺，而且掉发很严重，洗发时看着一团团掉发，就不敢碰头发，生怕掉得更厉害。其实这些头发在干发时就已经脱落了，是借助了护发素的润滑作用才掉落下来。有脱发就更应该好好清洁头皮，尤其是油性头皮，把头皮毛囊彻底清理干净，这样才会养出更健康的新发。在洗发时，要用指腹稍用力按摩头皮，切记应推按头皮而不是抓挠。

还有一些女性，想偷懒少用一次护发素。这里，郑重告诉女性朋友们，千万别这么不在乎，少用一次护发素，绝对会带来一系列的危害。因为护发素的功效之一就是使毛鳞片闭合，如果毛鳞片闭合不好，之后的热风、阳光就更容易伤害头发。也不要偷懒，用免洗的护发素，这样不仅不能起到保护头发的作用，还会使伤害累加。

还有些女性，没有擦干头发就涂抹护发素，这样也不好。洗发时一定要准备一条干毛巾，擦到头发不滴水时再涂抹护发素，这样护发素的吸收效果才会最大化。而且越是浓缩的护发营养，比如精华露、发膜等，对头发干度的要求就越高。因此，一定要将头发擦干了再涂抹护发产品。

除此之外，还有一些小细节，也可以保护头发。比如，要多将头发披散着。若平时习惯系辫子，要时不时地为头发松绑，因为扎头发会让头皮血液循环不畅、敏感和脱发，也会加重血液循环不畅。再比如，吹头发的时候，应该迅速吹干头皮，减少热风伤害。头皮吹干了，发丝很快也会变干，这样就会大大缩短吹风时间，减少对头发的伤害。具体方法是用手撩起发根，快速晃动吹风机，吹干头皮。需要注意的是，不要一味地排斥吹风，因为这一步能让毛鳞片充分闭合。但也不要将头发吹得过干，七八成干足矣，头发会很蓬松柔顺。

也可以用发膜护理头发。发膜不需经常用，每周用一次就好，效果比护发素要好很多，但仍要以适合自己为原则。想增发的女性，可以尝试用生姜多擦擦头皮。另外，多吃黑芝麻糊对增加头发的光泽很有效果，爱美的女性不妨试试。

在护肤方面，应以美白为主。俗话说一白遮三丑，可见美白的重要性。

但是，在生活中，有超过80%的女性在使用错误的美白方式！在专家的眼里，也许你就是传说中的"美白笨蛋"，用尽了力气却用错了方法，不仅赔了银子还浪费了时间。

首先，美白要讲究时间。虽然一年四季都是"美白季"，但仍要按照季节来调整保养品。比如：冬天到早春，天气偏干燥，美白要选择质地较滋润的产品，有强效保湿成分的更好。要知道，保湿没做好，美白效果也会打折扣。

其次，用美白面膜有讲究。面膜蕴含高浓度美白精华，有些女性为了达到快速美白的目的，天天敷美白面膜，结果反而引起肌肤过敏。如果真想快速美白，用美白化妆水湿敷全脸5分钟即可。这个方法可以天天用，然后搭配一周1～2次的美白面膜就可以收到不错的效果。

再次，要注意外在防护。只专注美白而忽略外在防护，绝对是错误行为！紫外线、空气污染、熬夜与压力，都会引起黑色素沉淀。美白保养多具有抗氧化功能，搭配防晒使用，加上规律的生活作息，才能全方位地击退黑色素，使肌肤白皙。

然后，护肤品不要混合使用。多个品牌美白产品混合使用对皮肤的伤害较大。因为各品牌在研发美白系列时，已经设计好配方，且分配到各产品中，因此只有使用同系列产品才能收到好的效果。

最后，做好美白细节。有很多白领女性，以为每天在办公室工作，肌肤不会受到紫外线侵害，所以就不用美白防晒。其实这是错误的，电脑的辐射一样会对皮肤造成伤害，产生雀斑。所以即使不晒太阳，也要注意美白防晒。此外，即使脸上的斑点消失了，也要坚持美白，因为黑色素是会沉淀至肌肤底层的。而单单使用普通的美白产品，没有注意到从底层去抑制黑色素，是无法达到理想的美白效果的。

不同肤质也是有不同的美白方法的。

油性肌肤，要尽量使用无油型的美白乳液，既为肌肤提供营养，又不用担心会加重肌肤负担，堵塞毛孔。还要坚持白天晚上使用美白洗面奶、爽肤水和乳液。日间使用T区专用控油产品和防晒产品，预防黑斑的生成。夜间，使用美白精华液，为肌肤提供充足营养，修复肌肤日间损伤。

中性肌肤是美白中最简单的，并不需要使用成套的美白产品，着重白天的防晒和夜间的保持即可。多喝水，多吃水果蔬菜，肤色自然白皙、通透。中性肌肤可以将每日美白的精力集中在祛除暗沉色斑上面，利用美白精华产品的导入，让皮肤得到全面的美白效果。

干性肌肤的护理重点是补充肌肤水分。以充足的水分滋润肌肤，维持肌肤的正常代谢，抵抗干燥与色素的沉积。除基本的美白护理方法以外，在晚间使用特润型的美白晚霜，可以给予肌肤充足的营养，美白滋养两不误。

这里为大家介绍一个既能美白，又有护肤功效的圣品——西红柿。用棉球蘸取西红柿汁涂擦在清洁后的面部，停留15分钟，然后用温水冲洗，可以去死皮。将西红柿汁加拌白砂糖，外涂于长斑处，可去除面部的小斑点。将西红柿汁涂抹头发，15分钟后冲洗干净，可养发护发。

不管是头发还是肌肤都是我们身体的一部分，只要我们把它们当作朋友，好好对待，它们也会乖乖的，不会跟我们闹别扭。

选择适合自己的发型

发型是女孩子的第二张脸，可见发型对女性的重要性。芸芸众生，擦肩而过，萍水相逢时相视一笑，在第一印象中，简单朴素的服饰简约大方，素面朝天亦可是清水出芙蓉，而发型则体现的是女性整个的精神面貌。女性不用香水，就缺少了独特的韵味。可是，即使馨香袅袅，沁人心脾，化为蝴蝶翩翩，流连鼻尖，但若没有适合自己的发型，也不一定会美。与装扮风格相辅相成的发型可以提高女性的整体形象，体现出女性的品位，表现出我们对生活的追求和渴望，在举手投足间洋溢着自信。一个适合自己的发型绝对是女性整体形象的点睛之笔。

沉迷漫画的木木有着飞蛾扑火般的热情，当她爱上一个人时，不仅是"日日思君不见君""为伊消得人憔悴"；更是用行动证明了千面女孩是怎么炼成的，自损形象也终不悔，更乐在其中，只是朝秦暮楚的发型转换证明了此情并不长久。最近木木因受动画《NANA》的影响，爱上了短发，同桌姗姗嗤之以鼻："虽然看着清爽利落，但你不适合这种发型。"木木言辞凿凿地说："你懂不懂，中分短发是NANA的标志，最近这部漫画火爆，鄙人乃时尚潮人，你看着看着就习惯了。"

几天后，木木一点也不心疼乌黑柔顺的长发，果断地剪了短发。木木对新的发型甚是满意，扬扬得意自娱自乐了很久，就这样过了一个星期。一天，木木突然哭丧着脸对姗姗说："亲爱的，大家都打击我，说我变丑了，我今天早上瞧了半天，本人果然不适合中分短发，太难看了。不过没关系，隔壁班小白那种发型挺好看的，漫画里很多女主角都是这种发型，我觉得挺适合我的，我今晚就去理发店。"痛定思痛几秒钟后，木木又信心满满，重燃斗志了。

但好景不长，木木头发长得快，几个星期没有去找专业人士打理，传说中的锅盖头出现了，用姗姗的话说，再披上马甲，木木就和挖地雷的差不多了。显然木木不能忍受这样犀利的评价，就寻思着换个发型，但无奈没有发现中意的。"姗姗，其实我这杏眼、柳叶眉、鼻梁不高不低，还算中等的脸，看着也算个美女啊。"木木拿着镜子，趴在桌子上有气无力地说。"咱们百变小樱什么时候也有为形象发愁的一天了？你可是我们班的时尚代言人啊！"姗姗揶揄道。木木白了她一眼，"得了吧，给个建议呗，大师，怎样才能入得了我心上人的法眼？""亲爱的木木，我早就说了你适合长发，你不听啊，一意孤行擅作主张，现在后悔也来不及了，因为把头发留回去也不是一天两天的事。""那为什么之前人家还是没有留意到我？""哪有那么容易，这个是看缘分的，佛说前世五百次的回眸，才换得今生的一次擦肩而过。你今生要继续努力，不是说理发师都是魔术师嘛，先找设计师给你设计一个最适合你的发型把自己变得漂漂亮亮的，其他的就看天意了。"姗姗摸了摸木木的头正色说道。"说了那么多，我现在该干吗？"木木还是不太明白。"你呢，好好学习天天向上，时候到了，我就陪你去理发店，保证还你一个'窈窕淑女，君子好逑'！"

为什么理发师掀开围布的姿势如此帅气潇洒？大概当时的心情和魔术师见证奇迹的时刻是一样的。从"美女加工厂"出来的木木脸上都笑开了花，以前一直是像女王一样指挥理发师做造型，心里十分痛快，虽然今天完全像个娃娃任人摆布，可是心服口服，因为专业人士的眼光是不容置疑的。"姗姗，你跟我旁边的那个帅哥美发师在聊什么呢，笑得那么开心？"姗姗把木木送进去后，就把她扔给了设计师，不管不问，木木心里有些小意见。"你真想听啊？那个帅哥说，你虽然是店里的常客，但是唯独今天这一次才算做对了选择，以前的发型没一个适合你的。""要不要这么直接啊？我觉得挺好啊。""你觉得挺好还向我抱怨？"姗姗白了她一眼。"哎呀，我还没说完嘛，当然是最适合我的才最好看了。""谁叫你总是去模仿别人了，而且很不巧，你这只瞎猫没有碰上死耗子，本来90分的形象，打了折扣，降了档次，你的心上人瞟一眼就不看第二眼了，谁还管你长得多倾国倾城啊？" "您老人家教训的是，走啦走啦，比我妈还唠叨。"

很多爱美的女孩都喜欢追求不同的发型，不断尝试新的形象，烫了知性成熟的波浪，又怀念直发的古典韵味；或者突然她们不想墨守成规了，不想再局限在几个普通发型中轮流转，因而果断换成嘻哈摇滚风。总之，三千烦恼丝难打理。但是，发型是不能跟风的，只有适合自己的才是最好的。

打理青丝，最基本的要义是要搭配自己的脸形。女孩子梦寐以求的或引以为傲的瓜子脸和鹅蛋脸都属于椭圆形脸形，这样的脸是理想中的脸形无可挑剔，所以对头发的要求相对低一些。无论做什么样的发型，只要能突出脸形的美感和整体协调感就可以了。

看起来有些严肃的长形脸则应该用活泼可爱的发型来弥补它的不足。女孩子是水做的人儿，骨子里温柔优雅，但长形脸很容易给人严肃不通情达理的错觉，周围的人很可能会对其敬而远之。因此就要选择活泼可爱的发型，这样才会冲淡严肃的感觉，给人良好的感觉。

圆形脸会显得女孩子比较可爱，只是长不大的小女孩总归要从象牙塔走出来，需要经历成长的破茧成蝶，岁月洗礼，时光沉淀，最后华丽回归。因此圆形脸的女性在发型的选择上，不妨考虑那些可以显得成熟、稳重的发型，把脸拉长一些，这样就会使女性少了几分稚气，而多了几分成熟的气质。

有阳刚之气的国字脸有棱有角，大义凛然，女孩子若是长了一张国字脸，则往往会显得阳光帅气，展现出一种中性美。但是女性骨子里都是温柔的，如果我们自己hold不住，不妨大刀阔斧地"改革"，选择一些可以修饰脸部线条，让脸部线条看起来显得柔和的发型，用以柔克刚的效果，弥补脸形的不足。

　　青春期的到来让女孩子更加注重外在气质，要在"百花齐放"中显得与众不同，从"莺歌燕舞"中脱颖而出，我们不妨从"头"开始，改变气质，更换心情，为美丽加分，为气质增色。精致的女孩子才能拥有精致的生活。

牛仔裤与白长裙展示清新魅力

　　古往今来，人们总喜欢用常青树的四季常绿来寓意不朽和永恒，而服装界的常青树当属牛仔裤了。牛仔裤被誉为"百搭之首"，既可以走流行高端的时尚之路，也可以走舒适耐穿的平民化路线，而且男女老少皆宜，所以不论是名流贵族，还是平民百姓，牛仔裤都是每个人衣柜中的必备品。令人没有想到的是，如今风靡全球的牛仔裤当初可不是以时装潮流面世的。牛仔裤起源于美国1849年的淘金潮，超强度的劳动和艰苦的工作导致工人衣服极易磨损，在这种迫切的情况下，一些工厂便用一种genoese的热那亚帆布生产工作裤。这种裤子十分耐磨并且不用经常清洗，受到当地矿工和牛仔们的欢迎，经过不断的改良，演变成后来的"jeans"，即我们现在所穿的牛仔裤。二次大战期间，牛仔裤作为美军制服被传入欧洲。战后美国士兵回国前，将囤积的牛仔裤在当地出售，以其美观实用、穿着舒适等特点，深受大众的喜欢，牛仔裤被一扫而光，欧洲工厂闻风纷纷效仿，牛仔裤便在欧洲风靡开来。同时好莱坞影视和流行乐队等娱乐产业极大地带动了牛仔裤在国际时尚界的风潮。当时的明星们都会穿上牛仔裤来展现时尚，在大牌明星的引导下，人们纷纷效仿，慢慢地牛仔裤便成为了时尚的标杆。岁月变迁中，牛仔裤被加入大量配饰和流行元素融入其中，变得更加多元化、休闲化。牛仔裤的版型也从直筒发展出各种新的种类。现在的中国青年比较钟爱韩版牛仔裤，其主要板型为修身、小直筒，将完美的身材体现得淋漓尽致。身材性感特别是臀部曲线好和腿型修长的女孩子，随意穿上一条板型合适的牛仔裤，走在大街上都会吸引无数的眼球。即便没有名模那样完美的身材，但是只要我们选择得当，通过掌握一些技巧，掩饰不足，也可以穿出风情万种。女孩子在选裤子的时候，五分以下的裤子不要再看，直筒裤会暴露腿部的缺点，要穿上收腰或者短一点的上衣，用裤子遮住高跟的鞋子，可以拉长下身。牛仔裤花纹应简约，因为装饰越多越显得腿短。热爱运动的女孩子身形健美，紧致的大腿显得下身十分苗条，只是小腿部分突出的肌肉完全扼杀了女孩子温婉柔美的气质。直筒裤既发挥出大腿的美感又能掩盖小腿的瑕疵，扬长避短的效果最好。喇叭裤则适合喜欢复古风格的高美人。我们也可以模仿潮人挽起裤脚的穿法，这样看起来时尚活泼。需要注意的是，高度达脚踝即可，不宜搭配高帮的鞋子。不爱运动的懒猫若嫌大腿粗了些，可以考虑哈伦裤。

与牛仔裤的性感时尚不同，白长裙则让人显得淡然、恬静、清纯。穿着洁白长裙的女生，总是给人飘逸灵动、优雅婉约的气质。在许多关于青春、友谊和爱情的电影中会有女孩纯白的长裙摇曳在风中的镜头。白裙已经成为青春和青涩爱情的一种象征了，似乎每一条长裙都有一个让人铭记的故事。

馨怡是班上成绩最好的女孩，也是最普通的女孩子，每天像只辛勤的小蜜蜂奔波忙碌在学校、食堂、家之间。三点一线的生活是所有为中考奋斗的学生当前的状态。外面的天空更加宽广，吸引着这里的人们憧憬着能走出家乡，看看山的那一头是不是美丽的大海。对于寒门学子来说，知识改变命运，好好学习、考上重点高中是圆梦的唯一途径。馨怡也同样对外面的世界充满好奇。暑期补课时，班上来了这样一个男生，"我叫叶晨"。礼貌性地跟大家打了个招呼，他直奔最后一排，不理会大家打探的目光。桀骜不驯是馨怡对他的第一印象馨怡从班上爱八卦的朋友们口中得知原来叶晨来自市里，家里出了点事来到当地的亲戚家暂住。这个少年来了十几天，似乎不太合群，稚嫩的脸上总挂着漫不经心的笑容，却难掩身上散发着的耀眼光芒，独来独往，安静地待在属于自己的世界里。

馨怡没想到自己的新同桌会是叶晨。不咸不淡的几天相处下来，叶晨对大家都是疏离而礼貌的。馨怡也没有多余的心思管这些，依旧每天早早来学校读书，把每一分每一秒都用在学习上，只有在晚上骑着自行车回家的路上享受十几分钟的自由和放松，回到家又是挑灯夜战。这天叶晨突然开口要馨怡给他补上这之前的几天落下的内容。结果晚自习不得不延迟，车棚里几乎没有人了，两个人一起骑着车有一搭没一搭地聊了起来。叶晨真不愧是惜字如金，好在馨怡比较健谈，气氛不至于太过尴尬。回到家，馨怡就像跑了马拉松一样累，她发誓以后再也不跟叶晨一起回家了。

家里亲戚给自己带了一条洁白的白纱裙，馨怡兴高采烈地穿上后，看着镜子面前的女孩高贵优雅，又活泼俏丽，像换了个人似的。馨怡从进校门到坐下来，一路收获了不少对裙子的好评。"你的裙子很适合你，挺漂亮的。"叶晨偏过头，嘴角扬起好看的弧度，不似平常无所谓的样子。馨怡觉得他好像在打量一件艺术品，是发自真心的赞美。脸红得像煮熟的虾一样，连声谢谢都忘了说，装作若无其事的样子翻开课本，写着笔记。叶晨的一句话似乎比任何人的赞美之词更能掀起馨怡心中的波澜。很多年以后馨怡仍能清楚地记得，这是她唯一一次整节课没有听进去老师讲的内容，笔记空白一片，赫然写着某个人的名字。热烈的阳光投进教室，纯白裙子仿佛变得比婚纱还要圣洁，窗外一片浓密的绿色，在她看不见的地方，知了正热闹地演奏乐章。一天就这样浑浑噩噩地度过了，晚自习结束的铃声响起时，呼吸声都能听见的教室里骤然升起一片欢快的声音。"陈馨怡，晚上我载你回家。"叶晨冷不丁提出的这个要求把馨怡吓了一跳。叶晨脸上难掩的尴尬之色让她更加不解，正欲说话，叶晨伸出手把站起身来的馨怡拉了下来："先坐着，别乱动。"然后慢悠悠地收拾着东西，一句话没说。待到全班同学散尽，叶晨才开口说离开。坐在后座的馨怡此时心里七上八下的，第一次坐男生的车，还是俊逸帅气的叶晨，按照常理来说实在是浪漫，只是它来得太突然而且诡异。叶晨继续沉默地骑着车，又快又稳，馨怡也不知道说什么。夏夜的风没有白日的燥热，吹在脸上有种沁人心脾的清爽之感，舒缓了馨怡心中的各种情绪。回到家，母亲准备好了热水，馨怡换下裙子时惊呆了，白净的长裙上盛开着一朵娇艳欲滴的红花！难怪叶晨变得这么古怪，只是不知道明天该怎么面对他，既是尴尬，又是满满的感动。只不过这个烦恼仅仅维持了一个晚上，因为自此以后叶晨再也没有出现在馨怡的身边，他回到了外面的世界，为这场美丽的邂逅画上了句号。而这段短暂的经历，犹如圣洁的白莲花，永远盛开在馨怡的记忆里。

自信是气质的源泉，气质是美丽的加分器，无论是牛仔裤还是白长裙，无论是时尚潮人还是甜美淑女，都能展现不同的美丽，都能成为一道亮丽的风景线。